切ればイイのだ！

ムズかしい〝技術〟をはぶいた

包丁研ぎのススメ

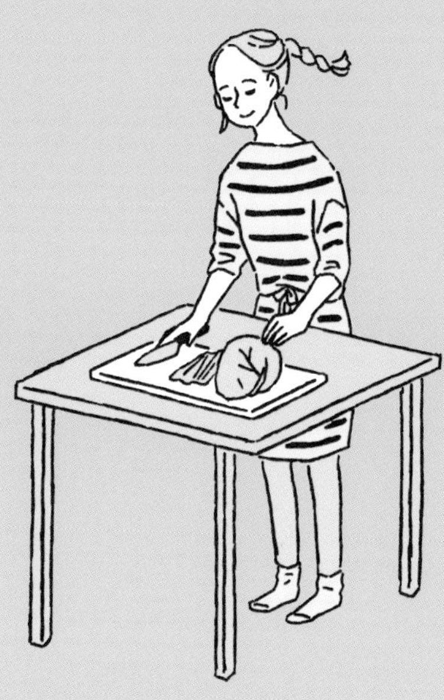

CCCメディアハウス

はじまりは「アルバイトでもできる」包丁の研ぎ方

私は定年後、**「家庭の包丁が主婦でも簡単に研げる教室」**をテーマに、教える学ぶスキルシェアサービス「**ストアカ**」で生徒さんを募り**B級家庭包丁研ぎ講師**として**家庭用包丁の研ぎ方**を教える活動をしています。なぜ包丁研ぎを教えようと思ったのかは、過去のこんな経験にありました。

私は、28歳から定年の60歳を迎えるまで、某ファミリーレストランのエンジニアとして、店舗全体の管理責任者と地区の営業責任者をしていたのですが、ある日、お客様から**「このお店のトンカツはなぜいつも衣がはがれてしまっているのか」**とクレームが入りました。私には原因がわからなかったので、知り合いのトンカツ屋さんに相談したところ、**〝包丁が切れない〟のが原因**だということがわかりました。私はとても衝撃を受けました。職人である父の影響で、小さなころから商売道具であるのこぎり、かんななどの刃物を研ぐ姿を見ていたため、**〝刃物は切れて当たり前〟**、**〝包丁＝切れるもの〟**だと思っていたからです。

さっそくお店に戻ってみると、お店の包丁は、**シャープナー（簡易包丁研ぎ器）で研いでいる**ことがわかりました。昔は各店舗に包丁を研ぐ人がいたものでしたが、店舗がどんどん増えていくにつれて、**包丁を研ぐことを伝承できる人も減っていた**のです。入れ替わりの早いアルバイトの従業員も多い中で、全店舗に本格的な包丁研ぎを教えるのもコストが見合いません。

そこで、私が包丁を研ぐ勉強をし、お店の包丁を「切れる包丁」にしようと考えました。まずは**刃物教室**を訪ねましたが、刃物全般を扱う教室だったため、1年以上、数十万円をかけて教わるコースしかありません。次に向かったのは、食器、調理器具などの道具を専門とする問屋街、**合羽橋**《かっぱばし》。「**職人は他人の仕事を見て盗め！**」が口癖だった父の言葉を思い出し、合羽橋で包丁研ぎ職人の技を見て学ぶことにしました。何度も見ながら実践し、試行錯誤しながら「**これならアルバイトの従業員も覚えられる！**」という〝**簡単に研いで切れる包丁にする**〟技術を習得することができたのです。

そうしてお店の包丁を研いでみるとどうでしょう。トンカツの衣がはがれずに切れるのはもちろんのこと、それを見ていたパートさんから「**うちのも研いでほしい！**」そんな声が上がるようになったのです。このとき初めて、こんなにも〝**世の中の家庭の包丁は切れない**〟ものかと驚きましたが、**包丁研ぎのニーズ**を発見する経験にもなりました。そこからというもの、父の職人気質が私にも宿り、包丁を研ぐＤＮＡが開花。ただ、それを披露する場はなかなかありませんでした。

定年後、町会のお祭りで家内が飲食の出店を手伝うことになりました。そこで私は調理で使うために持ち寄った包丁をいくつか研いであげたのですが、それがとにかく大好評。切れるようになったという喜びの声が広がり、それをきっかけに、町会の方数人に包丁研ぎを教えることになったのです。**定年後も何かわくわくすることがしたい**と思っていた私にとって、とても楽しい充実した時間で、今の仕事につながる大事な経験となりました。

そんな経験があって、私は集客がＷＥＢで簡単にできるスキルシェアサービス「**ストアカ**」で先生として登録し、講座を開催してみました。もちろん、職人のような本格的な包丁研ぎ教室ではなく、「**最低限必要なことは何か？**」に的を絞った**ハードルが低い**「**主婦の方々でも簡単に包丁が研げる教室**」です。最初は参加者０人でしたが、受講者のレビューが徐々に増えるに従って参加者も増加。定員の４人が満席になることが多くなり、今では**４年間で１４００名を超え**、北は北海道から南は沖縄まで、遠くから受講しに来てくれる方もいる人気講座となりました。

私は包丁研ぎを生業にしてきた人間ではありませんので、素人に毛が生えた程度の「**まあ切れればいいか！**」と考えている半端職人でもありますが、受講者のみなさんが切れるようになったと喜んでくださることが私にとっての喜びです。

この本では、これまでに私が積み上げてきたＢ級包丁研ぎのノウハウをわかりやすくお伝えするのはもちろん、受講者のみなさんから質問の多かった点、多くの方が難しいと感じたポイントを押さえた解説を心掛けています。

せっかくこの本を手に取っていただいたのですから、**いつも使っている包丁が驚くほど気持ちよく切れる快感**を、あなたにもぜひ体験していただきたいと思います。

受講者のみなさんの声

参加人数：1463名　レビュー数：597件　平均満足度：4.89★★★★★

［2019年12月現在］

自分で研げたらいいけれど逆に切れなくしてしまうかも……という不安から、買ったまま研がずじまいの包丁を持参しました。力を入れなくてもトマトが切れる。皮の抵抗をほとんど感じないほどに切れる包丁に戻すことができて、本当にうれしかったです。

［30代・女性］

受講後、家に帰ってすぐ残りの包丁2本も研いじゃいました。まさか不器用な私がこんなに包丁を切れ味よく研げるようになるとは……！　その日の夕飯は千切り祭りでした。笑

［30代・女性］

今まで自己流でやっていたことの間違いがわかり、目から鱗のレッスンでした。すぐに砥石《といし》を購入し気持ちよく料理を楽しんでいます。

［60代・男性］

この講座を受けた数日後、蒸し鶏とアボカドのサラダを作りました。アボカドは無理な力を入れなくてもすうっと切れ、蒸し鶏の断面は滑らかで食べやすかったです。また、カレー用の玉ねぎの薄切りも目が痛くなりませんでした。包丁研ぎで毎日の料理のクオリティが上がりました。

［40代・女性］

以前から砥石もそろえて独学で研いでいましたが仕上がりがイマイチでした。切れ味に満足したことがなく、この研修に参加。イメージが大事なんだと先生……実践してみる……試し切り。ん～切れる！　ホントにオレが研いだのか？　と疑うくらい切れる！　持ち帰り、早速 妻に使ってもらうと「おぉ～！」とふたりで笑顔、笑顔。

［50代・男性］

包丁研ぎは奥が深い！　でも、見よう見まねで切れ味はよくなるし、早く帰って料理したい（食材を切りまくりたい（笑））と思えました。

［40代・女性］

捨てようと思っていた包丁を持参しましたが、本当によく切れるようになりました。めちゃくちゃテンションが上がります。肩肘張らずに、まずはご家庭の包丁を丁寧に長く使いたいと思っている方にはオススメです。

［30代・女性］

以前から包丁研ぎには興味を持っており、自己流では行っていました。講座に参加する際、かなりクセのついた包丁を持っていきましたが、使いやすいレベルまで戻すことができました。使い捨ての時代、モノや道具を大切にする心も養った気がしました。

［40代・女性］

難しいと思っていた包丁研ぎがこんなにも簡単であることを実感を持って納得させてもらえた講座でした。持参したぜんぜん切れない包丁があっさりとキレッキレの包丁になって、しかも磨きをかけて見た目もピカピカに。しかもそれが10分程度の研ぎで。本当は包丁研ぎも奥深いのだろうけども、とにかく切れるようにするのを目標にした効率的な講座だと思います。

［50代・男性］

目次

第一章

目指すのは
食材がサクッと切れて
気持ちいい、
一生使える包丁

切れる包丁は、食材を切るときの「音」も「力」も「見た目」もすべてが違い、料理をするのが楽しい！ そんな気持ちにさせてくれるから不思議です。自宅にある包丁はサビていても、汚れていても、多少欠けていても研げば切れるようになります。そして、たくさん研いで削れて小さくなっても、一生使える大切な道具（料理のパートナー）となってくれるでしょう。美しく研がなくても大丈夫。
合言葉は「切れればイイのだ！」。

切れない包丁に
ストレスを感じていませんか？

鶏肉が皮だけはがれてしまう、かたいにんじんが切りにくい、
細かく刻んだ小ねぎがつながってしまう、
包丁がすべって思わず手を切りそうになってしまった……
そんな経験をしたことはありませんか？
案外自分の包丁が切れない包丁だと気が付いていない方もいますが、
この積み重ねが、料理中のストレスにつながっているのです。
切れる包丁なら、トマトもいつもより薄く、
お刺身は崩れず切り口がきれいに、
かたいかぼちゃもスッと刃が入り感動すら覚えるほど。
ぜひこの感動をご家庭でも実感してみてください。

ギギギギ…

本書で目指すのは
トマトを潰さずに
スッと切れる包丁

こんなに薄く切れて
切り口もきれい！

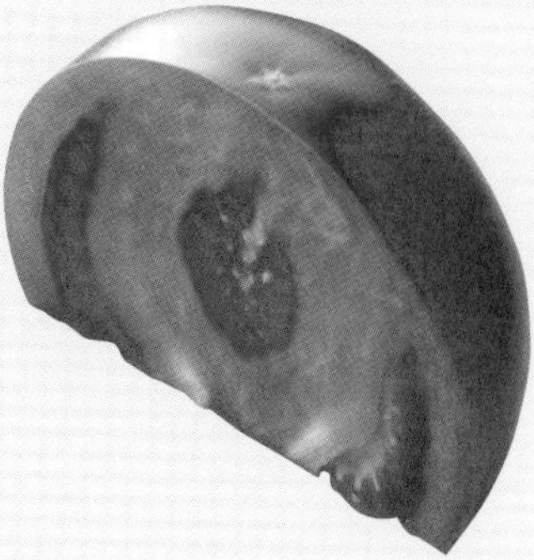

切れない包丁は
切り口が潰れてしまう

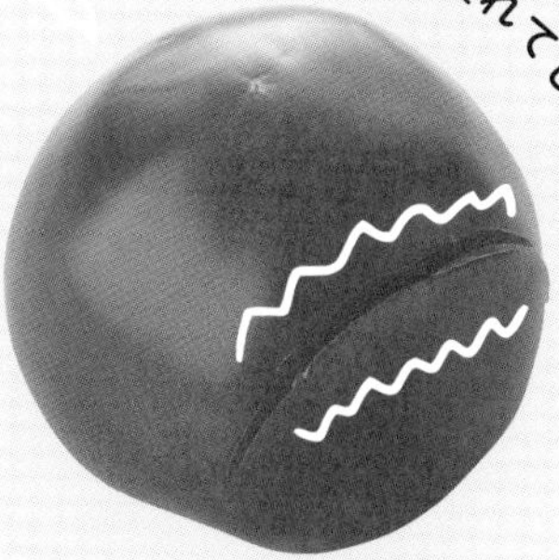

切れる包丁なら切り口が潰れず
端っこの丸みがある部分にもスッと刃が入る

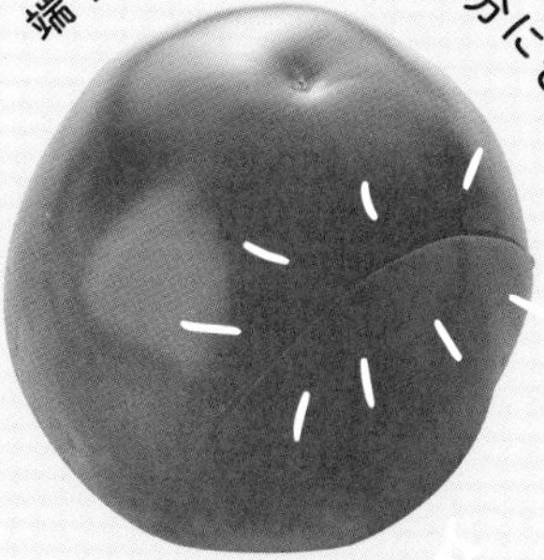

他にも……

切れる包丁
スパッと
きれいな
切り口

切れない包丁
つながってしまう

切れない包丁
切り口が
ギザギザで
つながってしまう

切れる包丁
切り口が
美しい

衣が潰れず
サクッ

必要なのは
美しい包丁より切れる包丁

一昔前は祖父や祖母が包丁を研いでいるのを見て覚え、
家族の中で包丁研ぎが伝承されていましたが、
今では包丁の研ぎ方を知っている人も少なくなり、
いつの時代からか、「包丁研ぎは職人の仕事」といわれることも。
しかし、本書で紹介する包丁の研ぎ方では、
プロの包丁研ぎ職人がやっているような
繊細な技術は必要ありません。

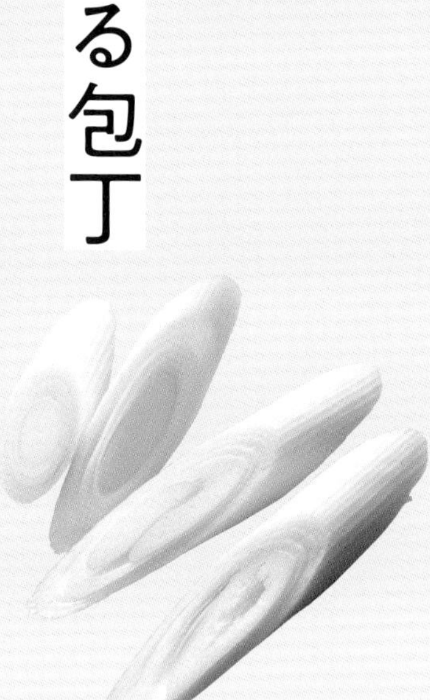

繊維を潰さず
スパッ

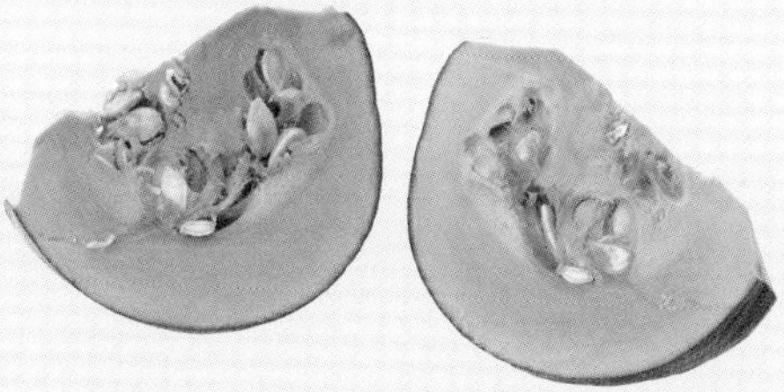

力も入れずに
スパッ

料理もプロの料理人と同じ味はなかなか出せず
人によって得意不得意ありますが、
各家庭の手作りの味として
毎日おいしくいただいていますよね。
包丁もそれでよいのです。
プロの研ぎ師と同じように美しく研げなくてもOK、
見た目も悪くてOK。
刃物の目的である、切れる包丁に研げればいいのです！
そして、それはそんなに難しいことではありません。

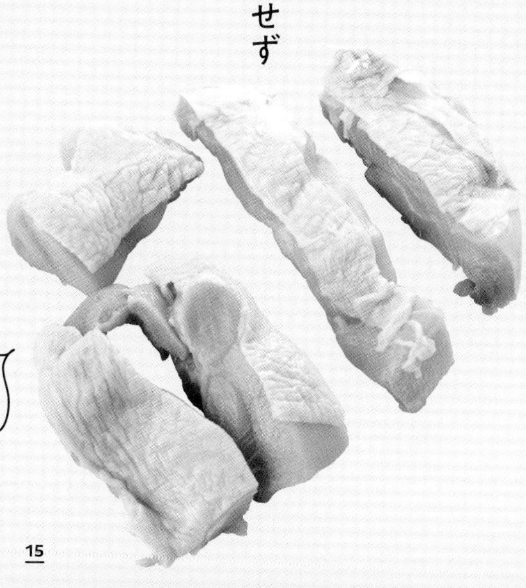

身と皮が
分離せずに
スパッ

切れる包丁なら、毎日の料理も楽しくなる

切れない包丁で鶏肉を切ると
身と皮が分離してしまったり、
トマトやピーマンなどを薄く切るとき
包丁がすべってしまったりと、
イライラすることが多々発生しますが
切れる包丁になれば
このイライラは一気に解消されます。

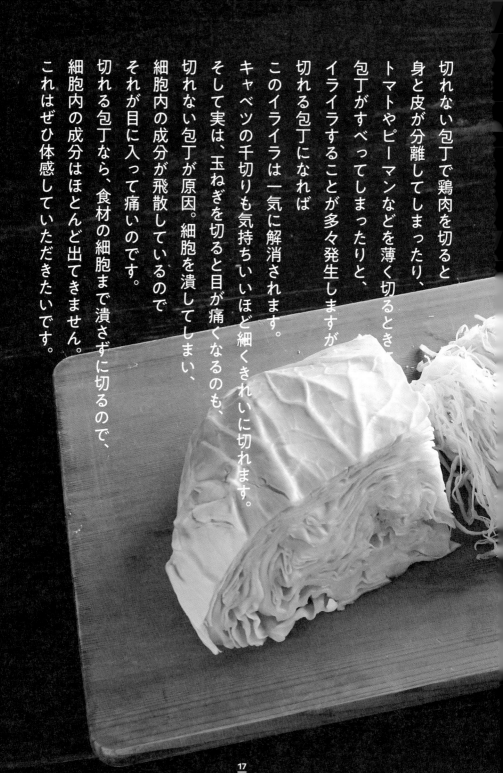

キャベツの千切りも気持ちいいほど細くきれいに切れます。

そして実は、玉ねぎを切ると目が痛くなるのも、
切れない包丁が原因。細胞を潰してしまい、
細胞内の成分が飛散しているので
それが目に入って痛いのです。

切れる包丁なら、食材の細胞まで潰さずに切るので、
細胞内の成分はほとんど出てきません。
これはぜひ体感していただきたいです。

自分だけの包丁を道具に加工する愉しみ

包丁は大切に使えば一生使えます。
商品として売られている両刃包丁は、
右利きが使用しても左利きが使用してもほぼ切れる刃先になっています。
しかし、自分で購入した後は、自分だけの「道具」になります。
道具としての包丁を自分が使いやすい刃先にすると、
さらに切りやすさが実感できるので、
刃先を自分の思いのままに研ぐ愉しみがあります。
研いで、研いで、
オールステンレス三徳包丁がペティナイフのサイズまで削れても
包丁の寿命は尽きません。

GLOBAL

COLUMN 1

包丁を整えることは心を整えること

私は包丁を整えることは心を整えることだと思っています。
物を大切に使う、丁寧に手入れすると、気分もすっきり。

私たちは時々床屋に行って髪の毛をカット&セットしますが、
日々の整髪はご自分でしますよね。
包丁も同じだと思っているのですが、
包丁の切れ味や汚れなどに関しては
意外と寛大な方が多いなと感じます。

包丁も日頃から刃先のお手入れと
磨くことをご自身でしていただき、
時々包丁専門店で研ぎ直しや研ぎおろし(P.73参照)をすることで
切れ味と清潔さが維持され、食材を切ることが楽しくなります。
また、包丁が切れないから買い替えるという無駄もなくなります。

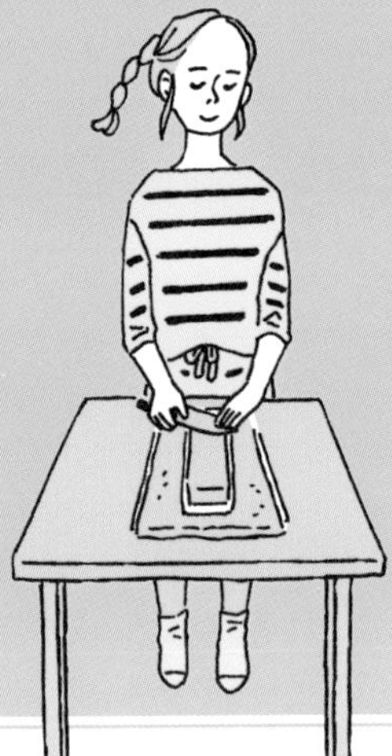

第二章

基本の包丁の研ぎ方

ここでは、一般家庭で万能包丁として使われている三徳《さんとく》包丁の研ぎ方を紹介します。両刃である三徳包丁を右利きの方が使いやすいよう、少し片刃風に仕上げる研ぎ方です（P.24、55～57でもしくみを詳しく紹介しています）。初心者の方でも簡単に研げるよう、力加減、角度なども写真で詳しく説明します。動画で動きもチェックしながら、慣れるまではゆっくりと自分のペースで進めていきましょう。

研ぎ方を
動画でチェック！

スマートフォンでQR
コードを読み込むと、
包丁研ぎのプロセスが
動画で確認できます。

用意するもの

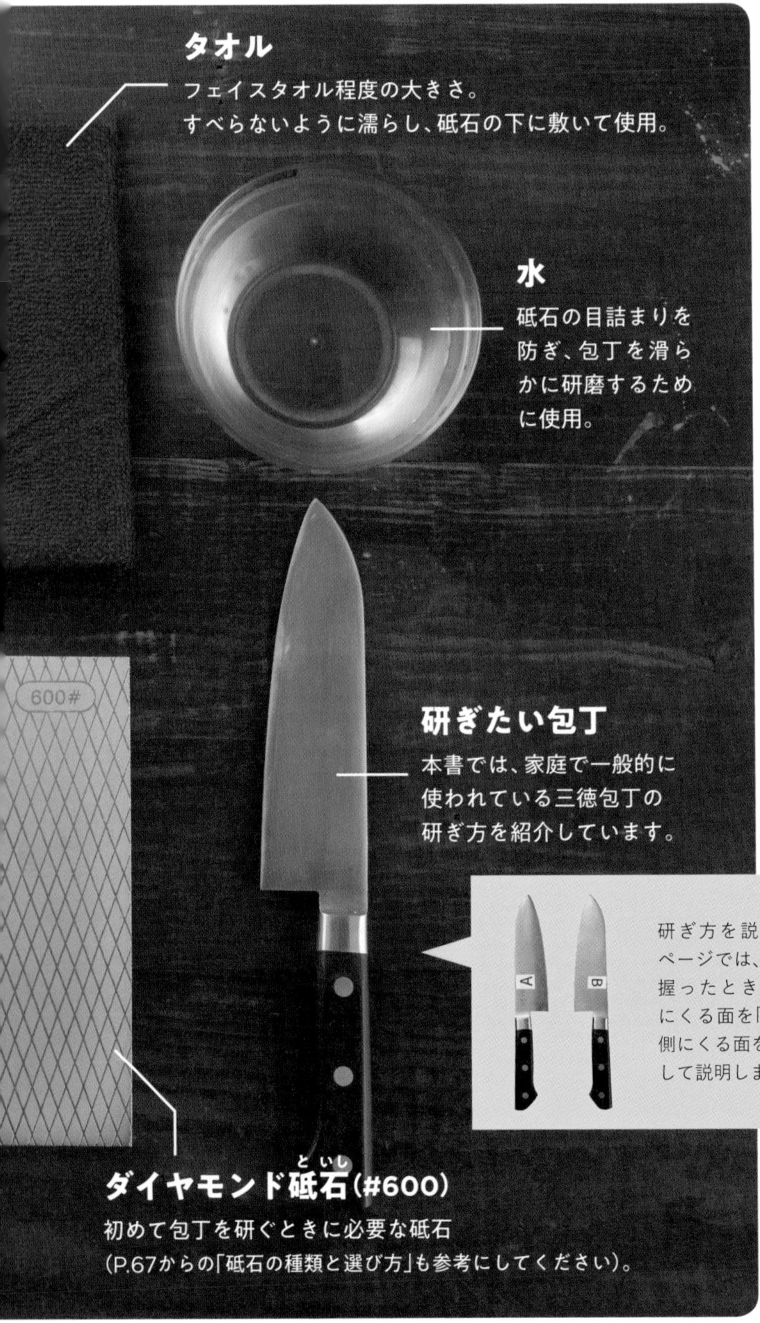

タオル

フェイスタオル程度の大きさ。
すべらないように濡らし、砥石の下に敷いて使用。

水

砥石の目詰まりを防ぎ、包丁を滑らかに研磨するために使用。

研ぎたい包丁

本書では、家庭で一般的に使われている三徳包丁の研ぎ方を紹介しています。

研ぎ方を説明するページでは、包丁を握ったときに右側にくる面を「**A**」、左側にくる面を「**B**」として説明します。

ダイヤモンド砥《と》石《いし》(#600)

初めて包丁を研ぐときに必要な砥石
(P.67からの「砥石の種類と選び方」も参考にしてください)。

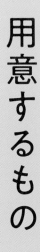

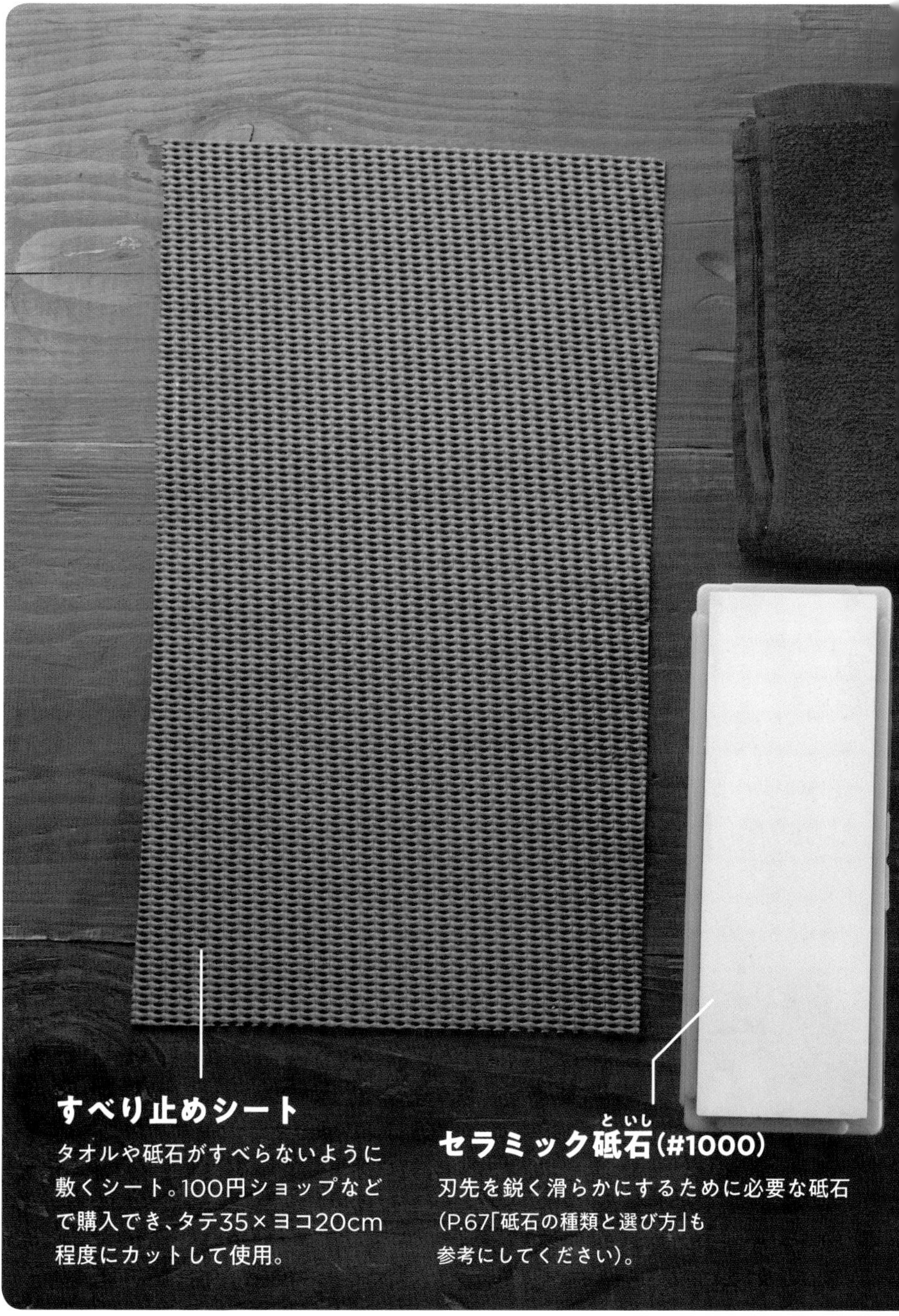

すべり止めシート

タオルや砥石がすべらないように敷くシート。100円ショップなどで購入でき、タテ35×ヨコ20cm程度にカットして使用。

セラミック砥石《といし》(#1000)

刃先を鋭く滑らかにするために必要な砥石(P.67「砥石の種類と選び方」も参考にしてください)。

包丁の各部位の名称と本書での研ぎ方

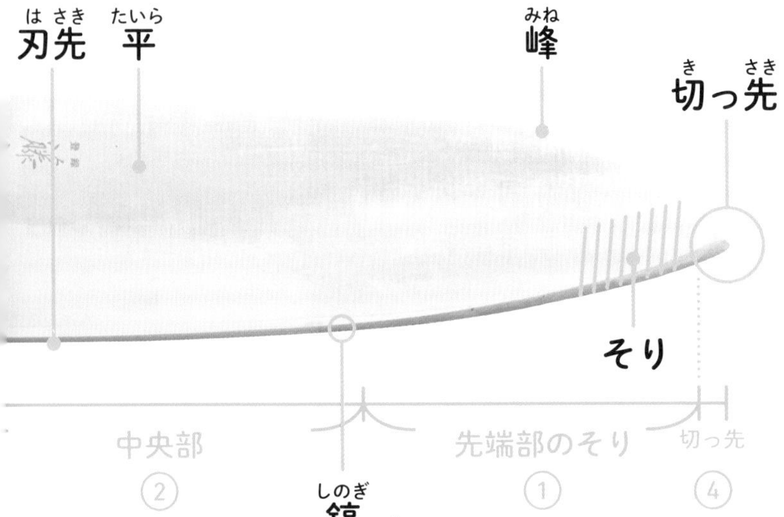

刃先《はさき》
平《たいら》
峰《みね》
切っ先《きっさき》
そり
中央部
②
先端部のそり
①
切っ先
④
鎬《しのぎ》

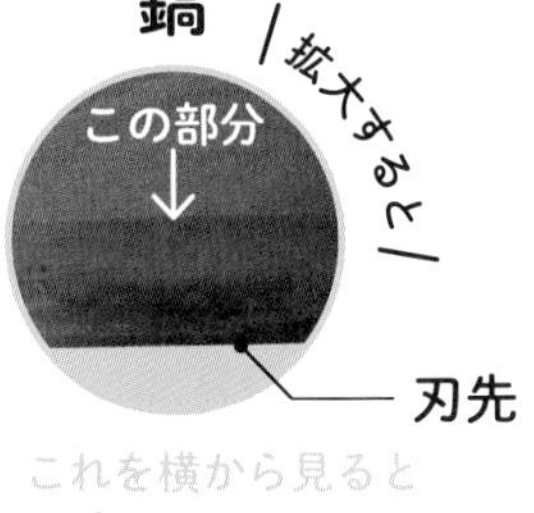

拡大すると
この部分
刃先
これを横から見ると

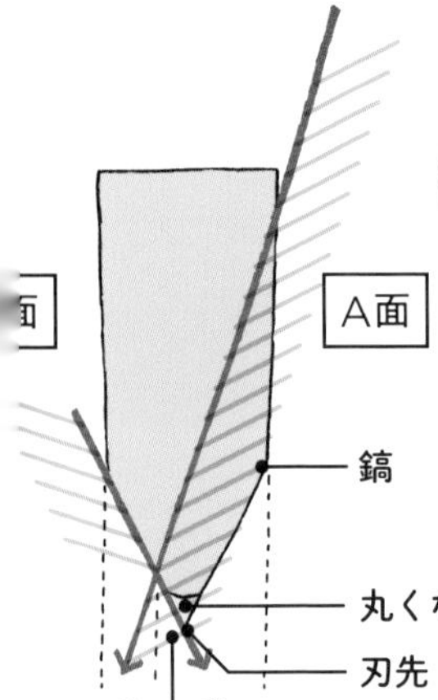

面
A面
鎬
丸くなった刃先
刃先
2:8
この/////部分を砥石で研ぎます

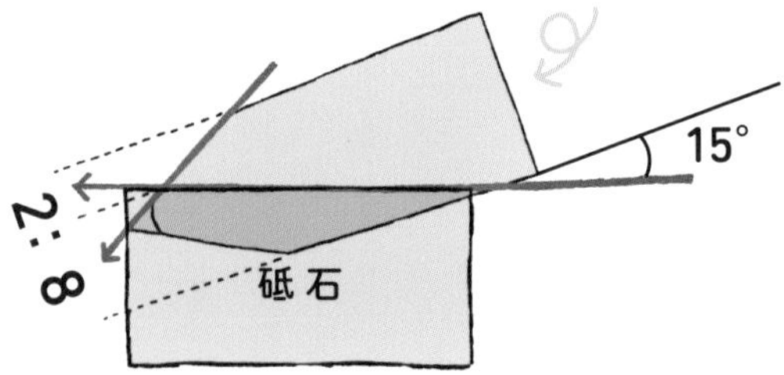

15°
2:8
砥石

刃先を手前にして置き、
A面を①〜④の順で研ぎます。

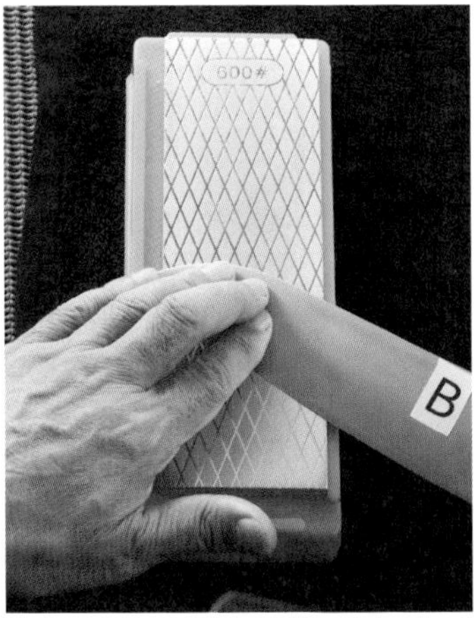

600#
B

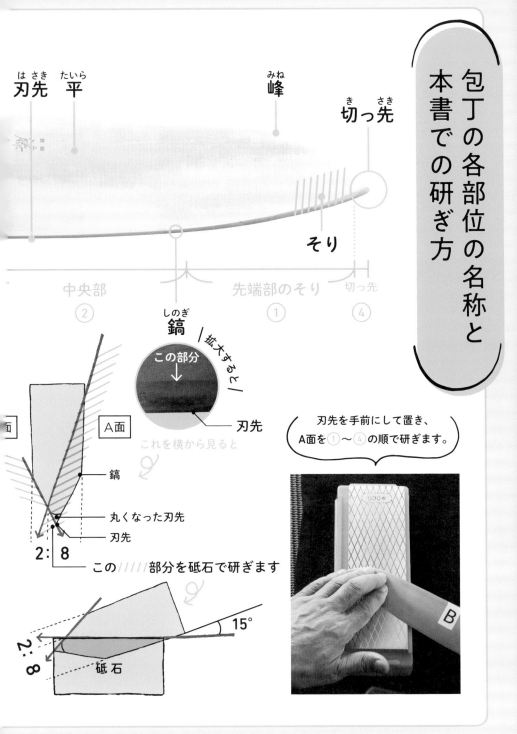

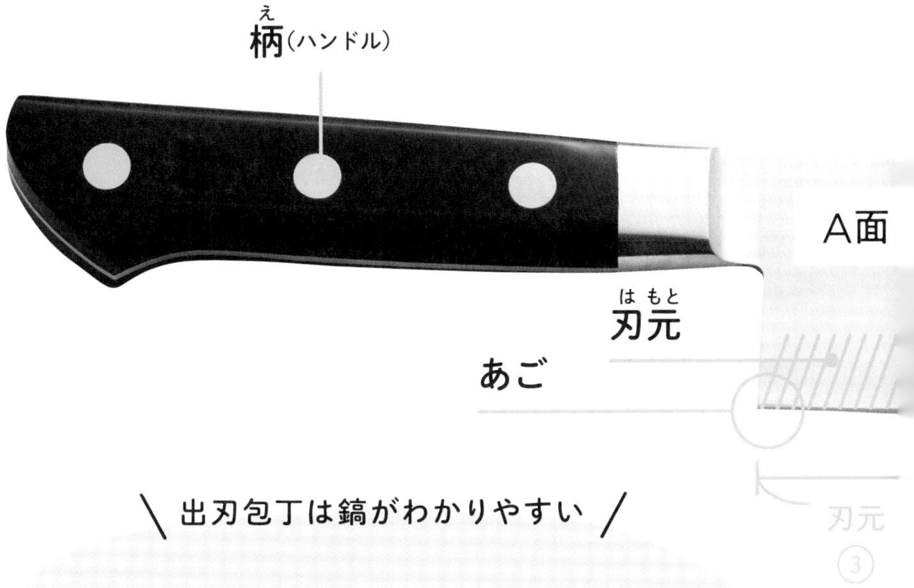

\ 出刃包丁は鎬がわかりやすい /

教室でオススメしている砥石

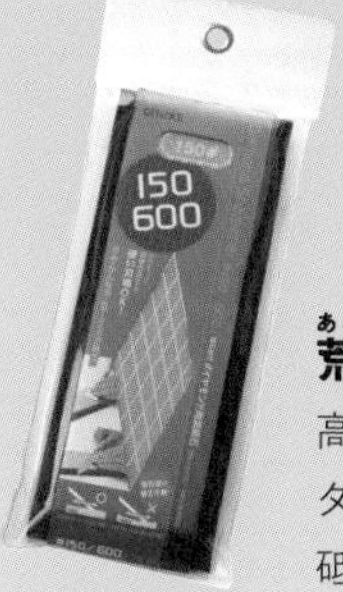

荒砥石をダイヤモンド砥石にすることで、すり減った中砥石の手入れにも使えて一石二鳥(詳しくはP.75を参照)。

荒砥石《あらといし》
高儀 GISUKE
ダイヤモンド両面砥石
砥石台付 #150/600

中砥石《なかといし》
シャプトン
刃の黒幕 オレンジ
中砥 #1000

刃こぼれや、中砥石のへこみの修復用（#150）
初めての包丁研ぎ用（#600）
日頃のお手入れ用（#1000）

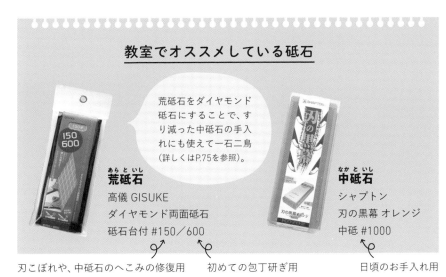

01

#600をセット

『荒《あら》砥《と》石《いし》』を机にセットする

切れないな……と感じて初めて研ぐ包丁は、何度も研いでいる包丁と違い刃先が丸くなっているので、荒砥石(#600)を使用して刃先の刃付けを行います。刃の形をつくるところから始めるのです。脚がしっかりしているテーブル台の上に、すべり止めシートを敷き、その上に濡らして絞ったタオル、荒砥石の順にのせましょう。利き手側に包丁、反対側に水をセットしたら準備完了です。

基本の姿勢

利き手と反対の足を前に出した前傾姿勢

右利きの方は、左足を少し前に出してスタンバイ。研ぐ際は右手で包丁を支え、左手で前後に動かすため、左足に重心を置くようにすると上手にバランスをとることができます。

左利きの方は

左利き用の包丁を研ぐ場合は、すべてを逆にして研いでください。例えば、右利き用は、A面を8割研ぐので、B面が上にくるように構えますが、左利きの方はその逆なので、A面を上に向けて構え、B面を8割研ぎます。

砥石の正面に立つ

砥石が自分の体の正面にくるように、まっすぐに立ちます。

02

持ち方を覚える

刃先を先端部から刃元まで同じ角度で研ぎそろえるには、包丁の角度を一定にキープすることが大切。つまり、包丁をグラつかせずに、支えることができる持ち方がとても重要なのです。

持ち方の詳細

「平」の部分をつまむ

包丁の「平」の部分を、右手の親指がB面、人差し指がA面にくるようにつまむ。

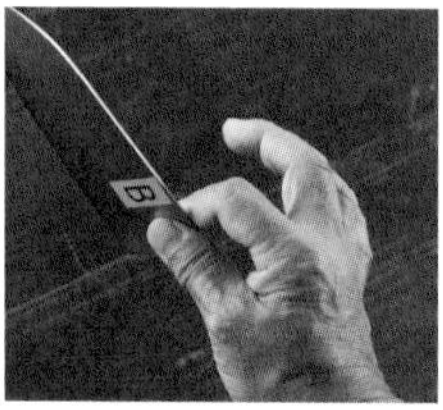

▶

柄をにぎる

残りの指で柄をしっかりとにぎります。

03

角度を覚える

砥石の上で動かすときの包丁の角度(向き)と、包丁の切れ味を左右する刃先の角度(傾き)はどちらも重要なのでしっかりと覚えましょう。90度の半分は45度、その半分は22.5度、と目安になる角度を覚えておけば分度器を用意する必要はありません。

角度の詳細

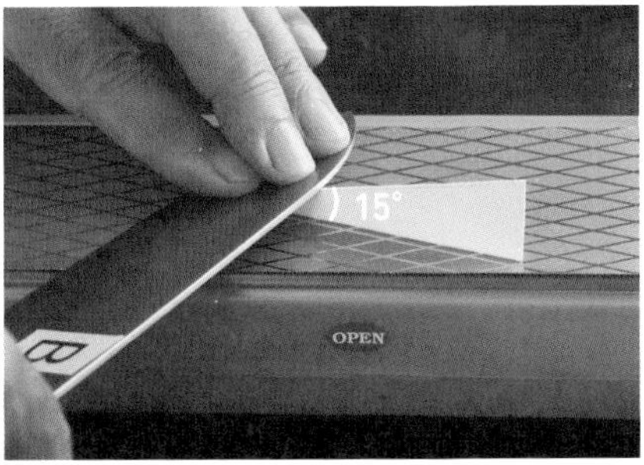

包丁を寝かせる
角度は15度

刃先は15度で研いでいきます。15度をつくるにはまず、包丁を砥石に対して直角(90度)(**a**)になるように置き、それを向こう側に半分(45度)(**b**)寝かせる。さらにその半分(22.5度)(**c**)寝かせ、それよりも少し寝かせると15度(**d**)になる。

※角度は研ぐ包丁によって変わるので、三徳包丁以外の包丁を研ぐ場合はP.60〜を参照してください

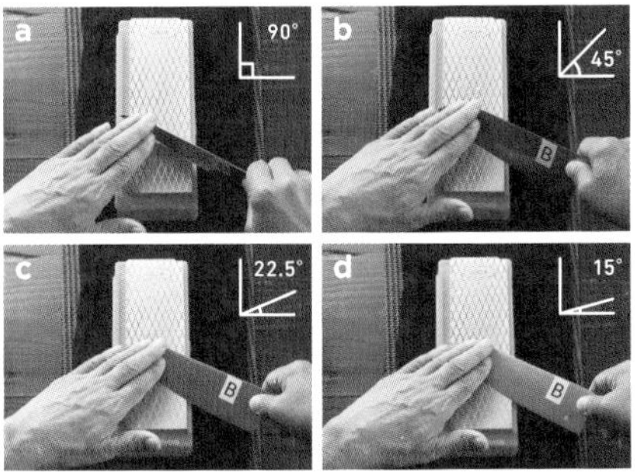

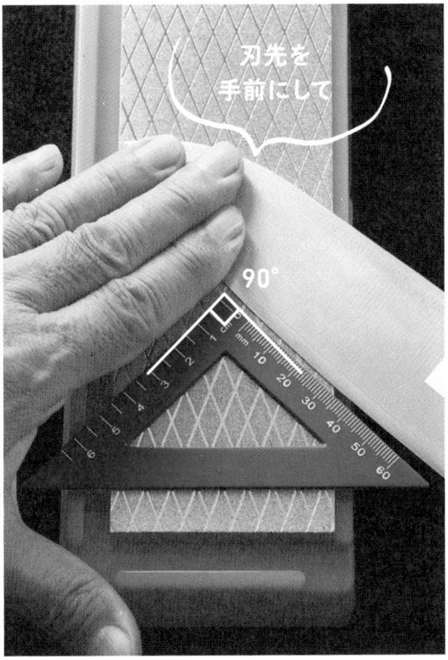

研ぐ場所に指をのせ
包丁と指は90度に

A面を研ぎたいので、B面が上にくるように包丁を置きます。切っ先に近いほうから刃元にかけて3〜4回にわけて研ぐ位置を変えていくので、研ぐ部分に人差し指、中指、薬指がくるように置きます。このときの包丁と指の角度を90度にする。

\ 刃付けスタート /

04

水をつけて『①先端部のそり』を20往復研ぐ

包丁は①**先端部のそり→**②**中央部→**③**刃元→**④**切っ先**の順に研いでいきます。右手で包丁を正しく持ち、左手で砥石に水をつけます。『①先端部のそり』を砥石にのせたら左手と包丁が90度(八の字)になるように構え、向こう側に15度に寝かせましょう。左手の指3本で研ぎたい部分(この場合は『①先端部のそり』)をおさえ、しっかりと砥石に押しつけます。そのまま20往復研いでいきましょう。

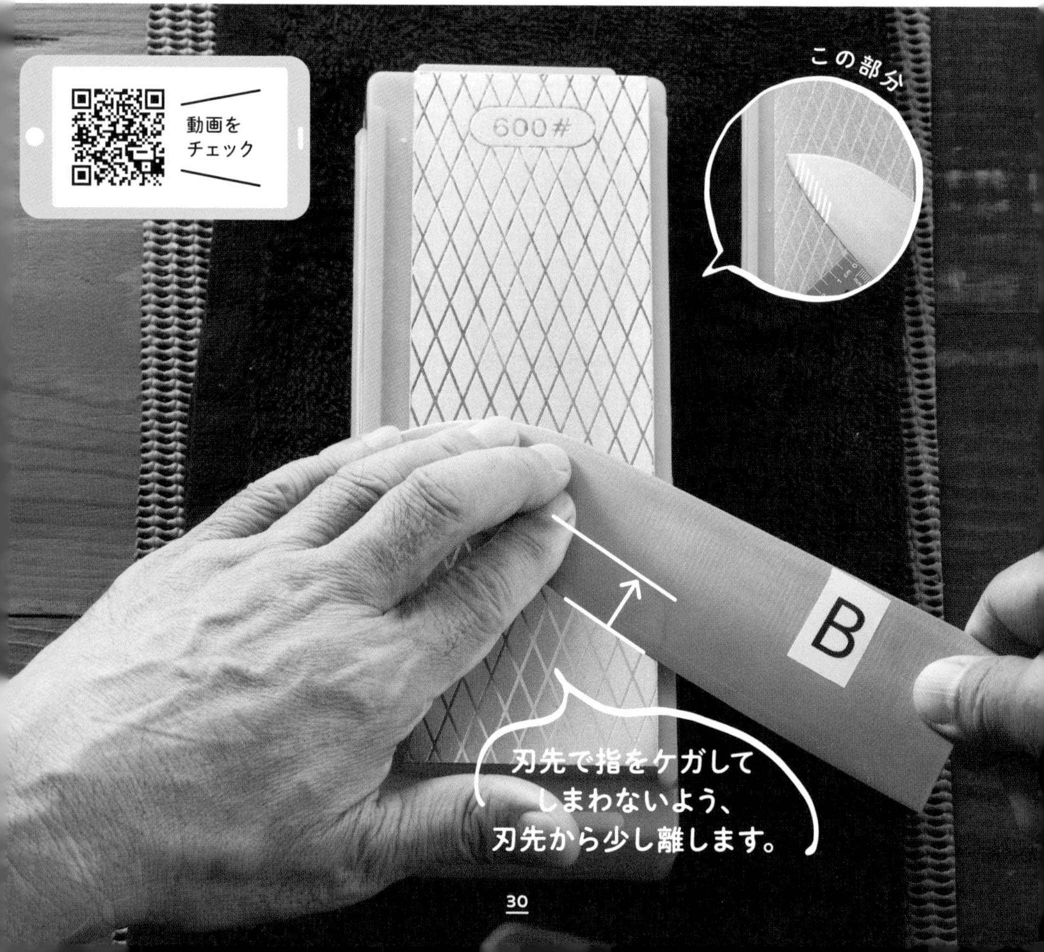

動画を
チェック
600#
この部分
B
刃先で指をケガして
しまわないよう、
刃先から少し離します。

手順の詳細

砥石に水をかけて水膜をつくる

包丁を持っていない方の手で水を砥石にかけて水膜をつくります。

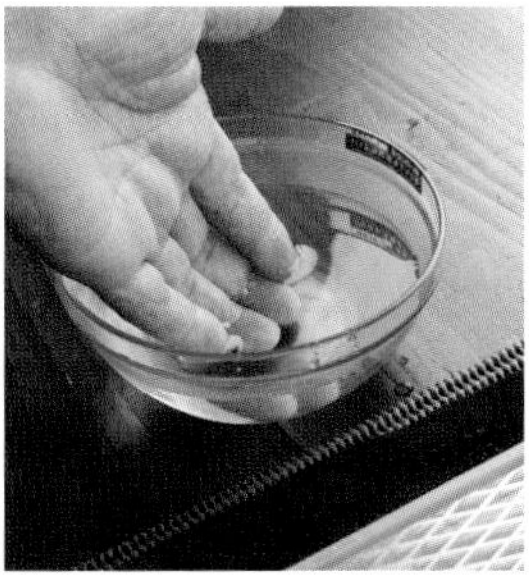

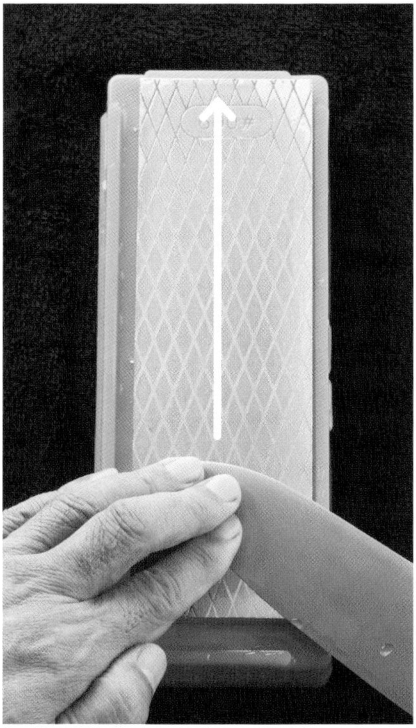

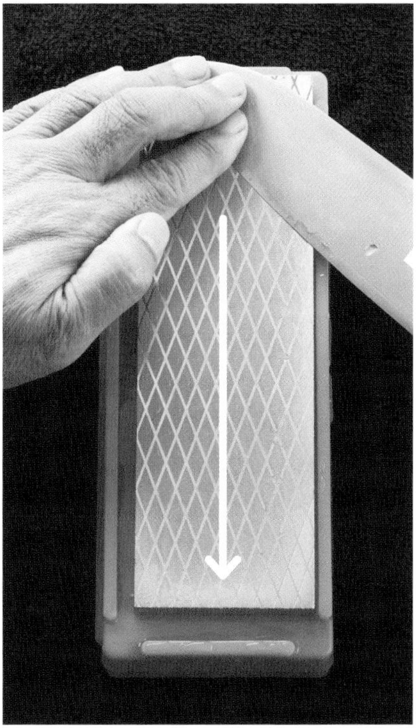

手前から奥に向かって押しながら研ぐ

砥石の手前から奥に向かって押して研ぎます。押すときの左手の圧力は約2kg程度。右手はその力で角度が変わらないように、人差し指でグッとこらえましょう。

手前に戻すときは力を抜いてリラックス

引くときには力を抜いた状態で砥石の上をすべらせて戻します。包丁は砥石から離さないように。奥に行くときがプレス、引くときはリラックス。砥石全体を使って動かすのがポイントです。

研ぐときのポイント

研ぎ始めると、これで合っているのかな？　と感じる方もいるのではないでしょうか。研ぐときにこれだけは意識してほしいという点をここで紹介します。

POINT 1

左手で押す力は約2kg

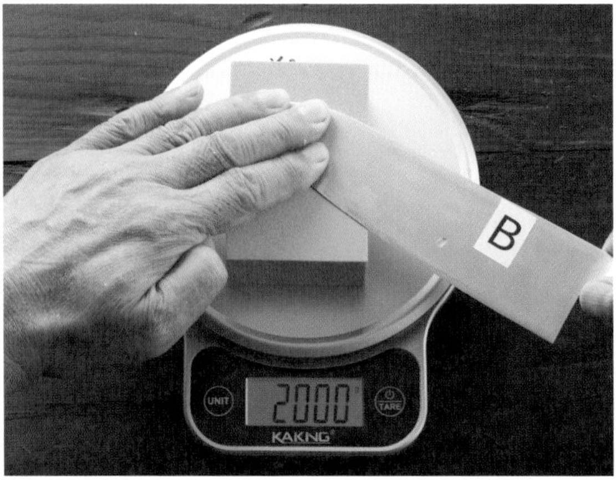

一番の要となるのが押す力。弱すぎると研ぐのに時間がかかってしまうし、強すぎても予想外に包丁が動いてしまうと危険です。ご家庭の調理用のはかりに左手をのせて押してみてください。約2kgになるぐらいの力がベストな力加減です。

POINT 2

右手は角度を変えないように人差し指でグッとこらえる

左手の押す力や、前後に研ぐことに夢中になるあまり、包丁がどんどん倒れて寝てしまうことがあります。研ぐ位置によって刃先の角度が変わると切れない包丁になってしまうので、右手の人差し指でグッとこらえ、角度を15度に保つことを意識しましょう。

POINT 3

戻るときは包丁を浮かせない

押すときには2kg程度の力でプレスし、戻るときはリラックスとお伝えしましたが、戻るときの包丁は、砥石の上をスッとすべらせるのがポイント。包丁を浮かせてしまうと、せっかくスタート時に構えた15度の角度が乱れてしまいます。

OK

NG

POINT 4

その都度水をかけるクセをつける

包丁をスムーズにすべらせるためには、砥石に水をかけて水膜をつくるのがポイント。20往復を1セットとし、繰り返すときや、①先端部のそり→②中央部→③刃元→④切っ先の順に研ぐ位置を変えるタイミングで、その都度水膜をつくるクセをつけましょう。

POINT 5

砥石は全体を使う

砥石の一部分(とくに中央部分のみ)で研いでいると、その部分(中央)だけがへこんでしまい、砥石の手入れのときにへこんだ砥石を平らにするために多くの砥石を削ることになってしまいます。できるだけ砥石の全体を使うように心掛けましょう。

05

カエリを確認する

カエリとは、A面を研いだ際にB面に出てくる包丁の残材部分で、触るとザラザラとした突起が指先にひっかかります。これが出ていればしっかりと研げている証拠。目視で確認するのは難しいので、指先の感触で覚えましょう。

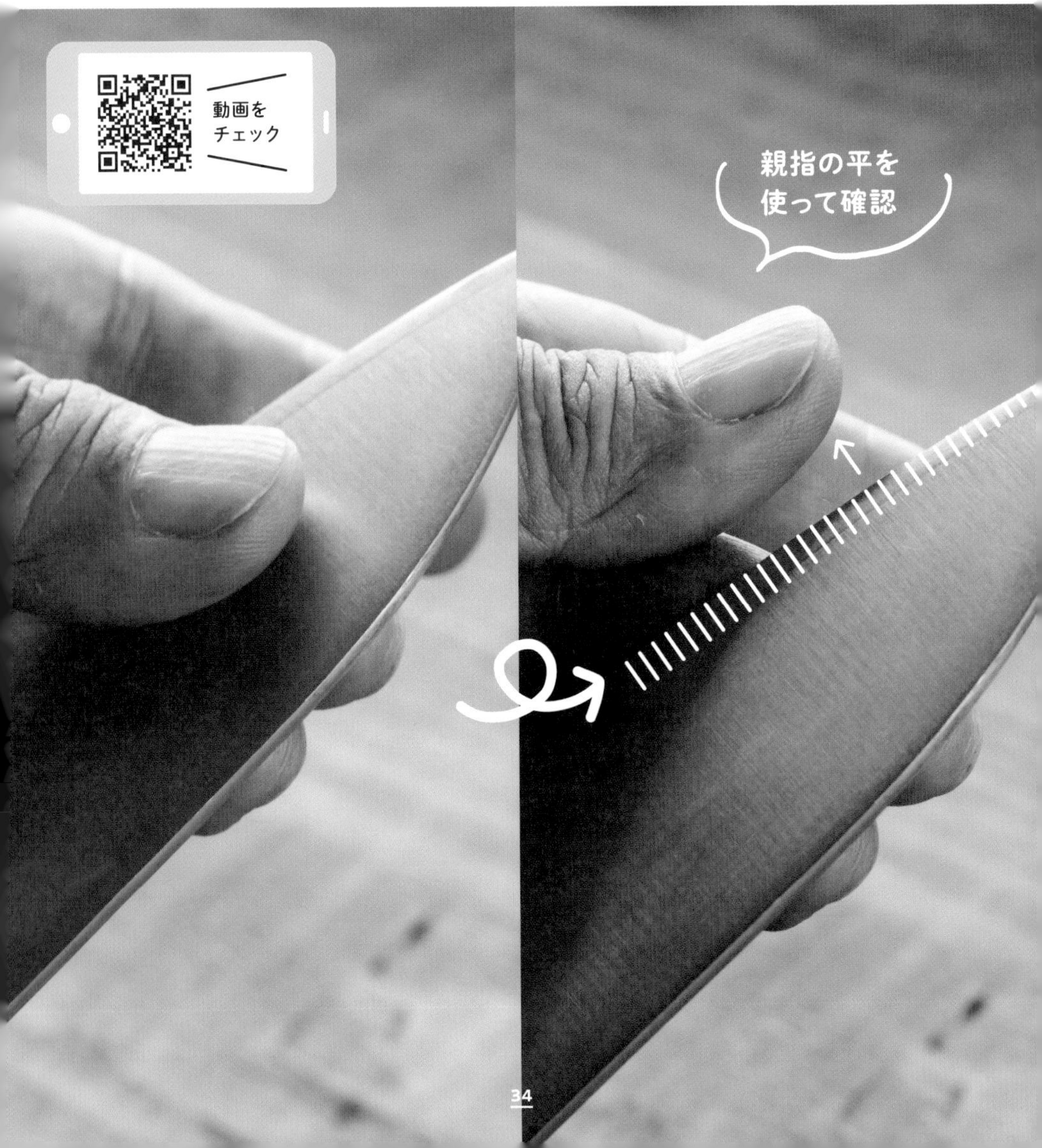

カエリの位置

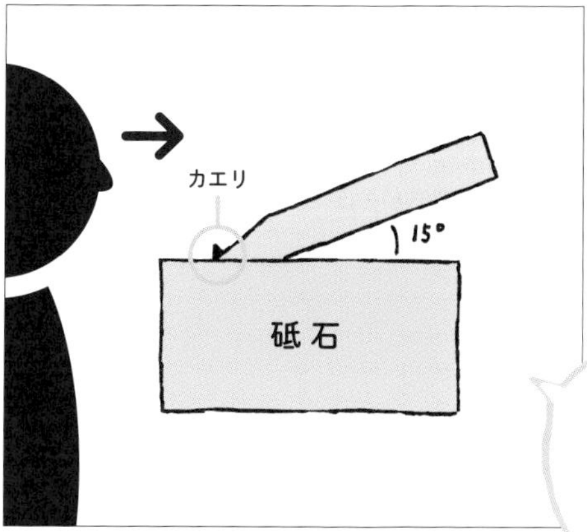

カエリが出てくる場所を確認

カエリは研いでいる側（A面）とは反対側（B面）に出てきます。カエリが出てこない、もしくは少ない場合はカエリが出てくるまで研ぐ必要があります。20往復を1セットとして、カエリが出るまで繰り返しましょう。

『①先端部のそり』のカエリを確認

この部分にカエリが出てきているか触って確認しましょう。

カエリの確認の仕方

裏側に指を添えて親指の動きを安定させる

左手の中指、薬指、小指の3本でしっかりと「平」を支えるのがポイント。この3本で支えていないと、親指の動きが安定せず、刃先を触ったときに手を切ってしまう危険があります。

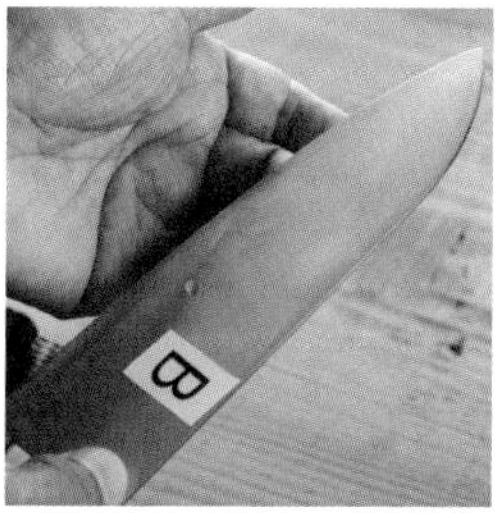

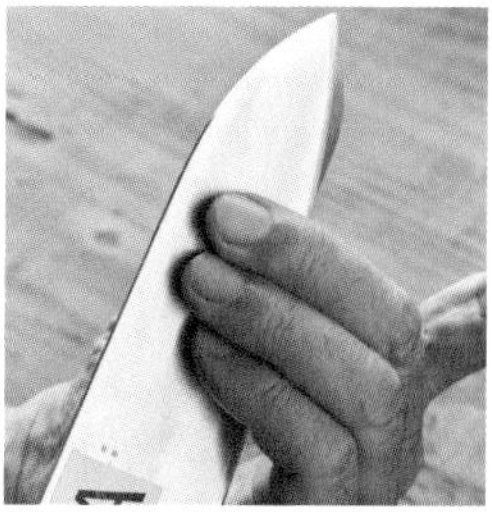

左手の親指でなでるように触る

左手の親指で刃先を右から左に向かってなでるように触ります。このとき、指先にザラッとした感触があればカエリが出ているということ。出ているかどうかわからないときは、まだ研いでいないところと触り比べてみてください。

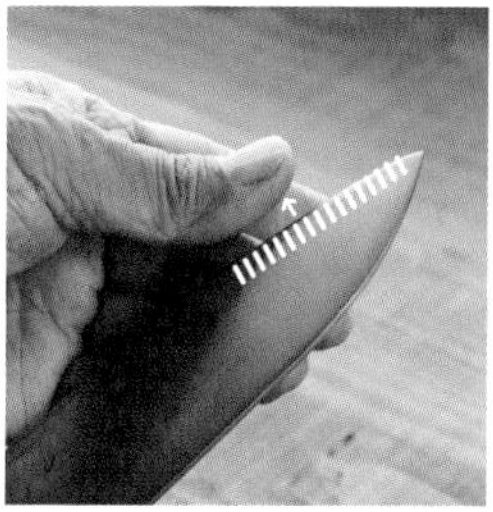

→カエリが出たら次のステップP.36へ

→カエリが出ていない場合はP.30 の20往復を1セットとし、カエリが出るまで行いましょう

06

水をつけて『②中央部』を『①先端部のそり』と同じ回数研ぐ

『①先端部のそり』のカエリが確認できたら、次は『②中央部』を研いでいきます。右手で包丁を正しく持ち、左手で砥石に水をつけます。『②中央部』を砥石にのせたら左手と包丁が90度（八の字）になるように構え、向こう側に15度に寝かせましょう。左手の指3本で『②中央部』をおさえ、しっかりと砥石に押しつけます。そのまま先ほど研いだ『①先端部のそり』と同じ回数研いでいきましょう。

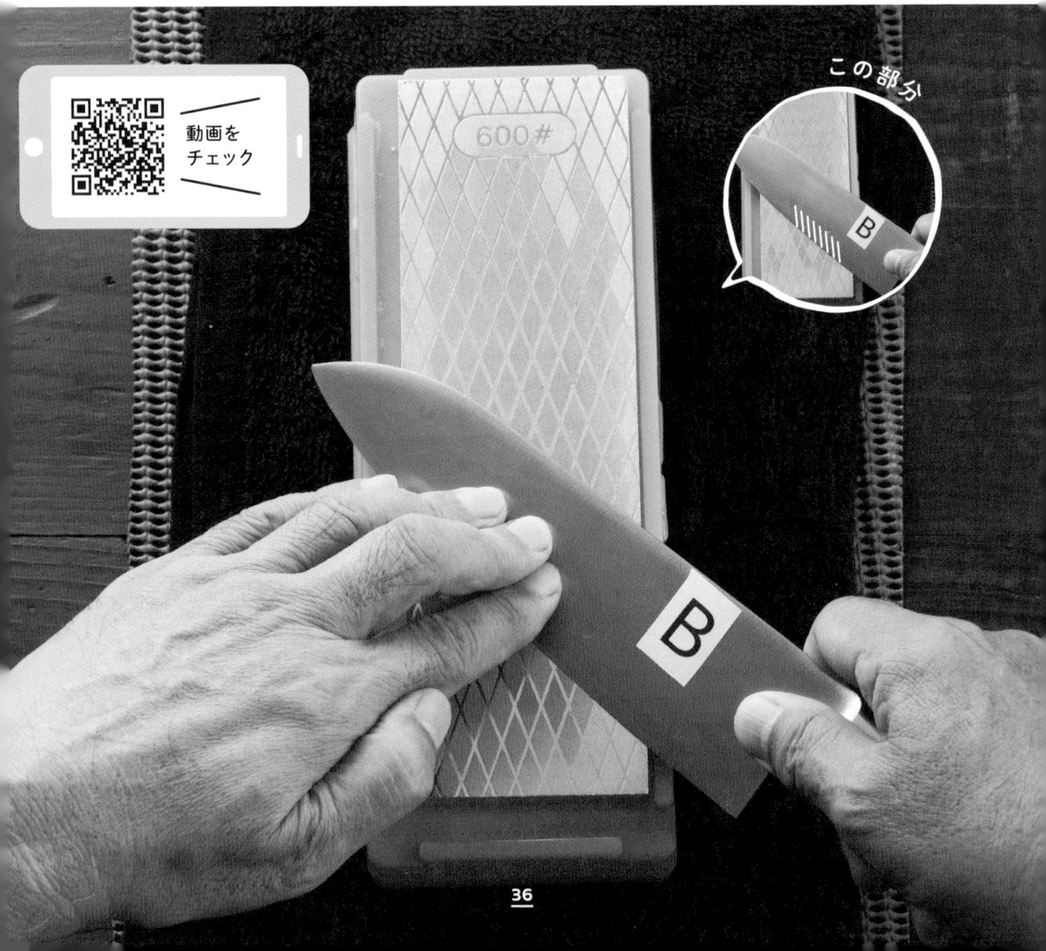

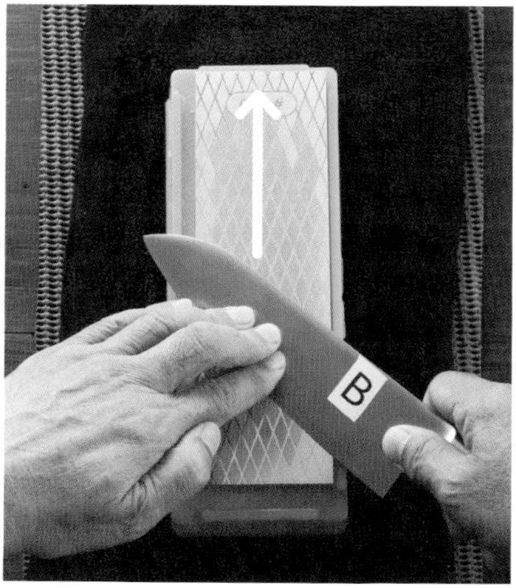

手前から奥に向かって押しながら研ぐ

砥石の手前から奥に向かって押して研ぎます。中央部を研ぎたいので左手も中央部にのせ、約2kgの圧力で押していきます。

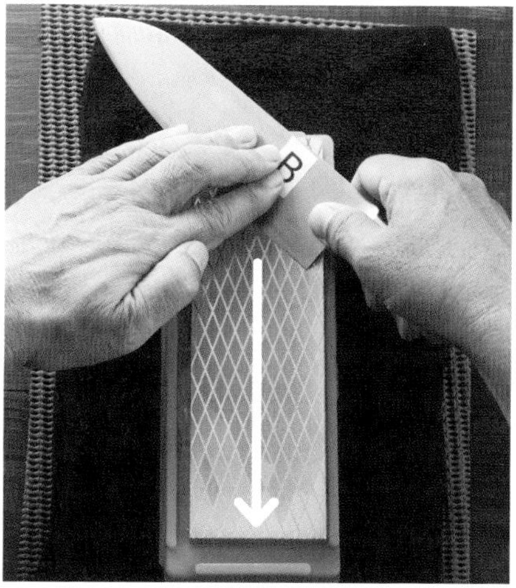

手前に戻すときは力を抜いてリラックス

引くときには力を抜いた状態で砥石の上をすべらせて戻ってきます。砥石全体を使うように意識して動かしましょう。

07

カエリを確認する

B面の中央部を確認

B面の『②中央部』を左手の親指で右から左になでるように触ります。ザラザラとした突起が指先にひっかかればカエリが出ている証です。

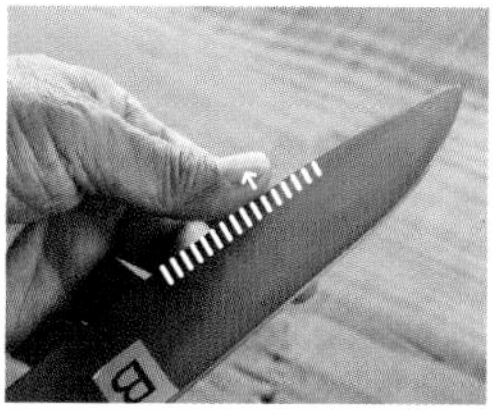

→カエリが出たら次のステップP.38へ

→カエリにあまい部分がある場合は、その部分をカエリが出るまで研ぎます

08

水をつけて『③刃元』を『①先端部のそり』と同じ回数研ぐ

『②中央部』のカエリが確認できたら、次は『③刃元』を研いでいきます。右手で包丁を正しく持ち、左手で砥石に水をつけます。『③刃元』を砥石にのせたら左手と包丁が90度(八の字)になるように構え、向こう側に15度に寝かせましょう。その際、右手の人差し指が砥石にあたってしまうので、切っ先の向きを少し右へ旋回させるのがポイント。
左手の指3本で刃元をおさえ、しっかりと砥石に押しつけます。そのまま『①先端部のそり』と同じ回数研いでいきましょう。

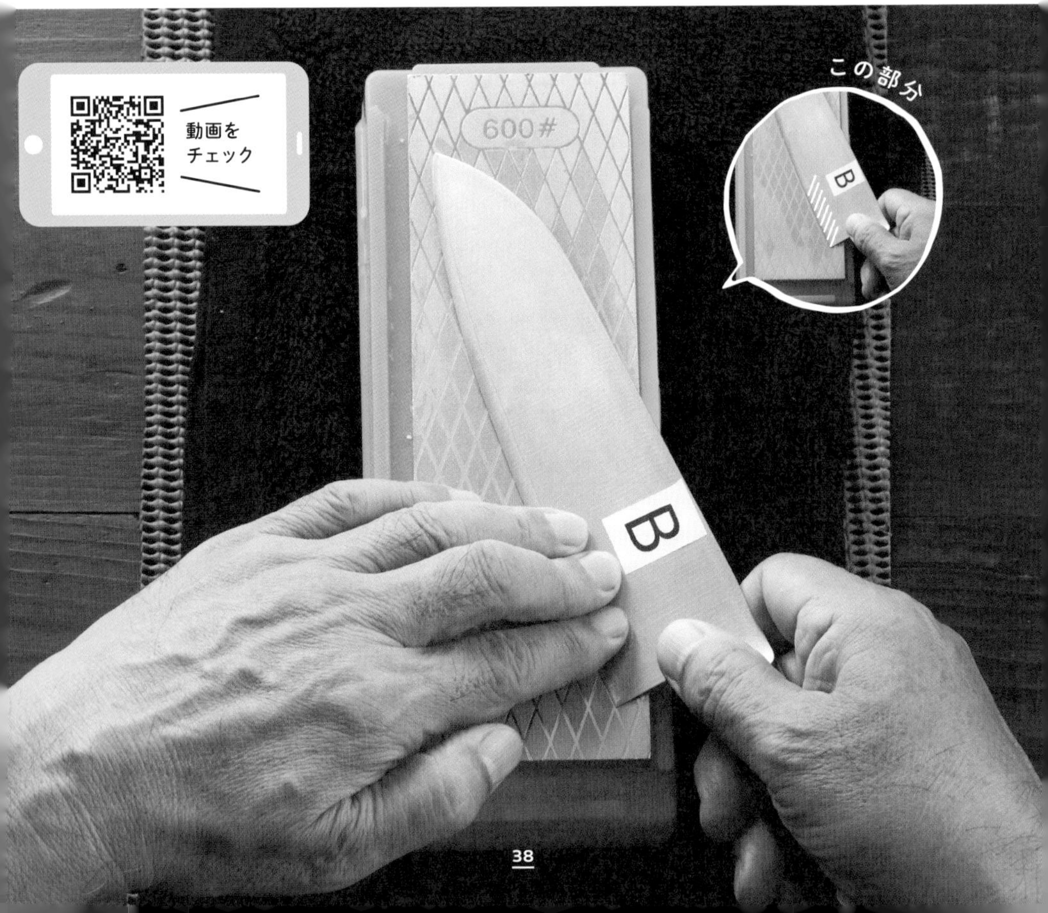

角度の詳細

切っ先の向きを少し右へ旋回させる

柄に近い『③刃元』を研ぐ際は、柄を握っている右手が砥石にあたってしまうため、指があたらないように切っ先の向きを右に旋回させてから研ぎ始めます。切っ先の向きが変わっても、両手の角度は90度（八の字）のままです。

▶

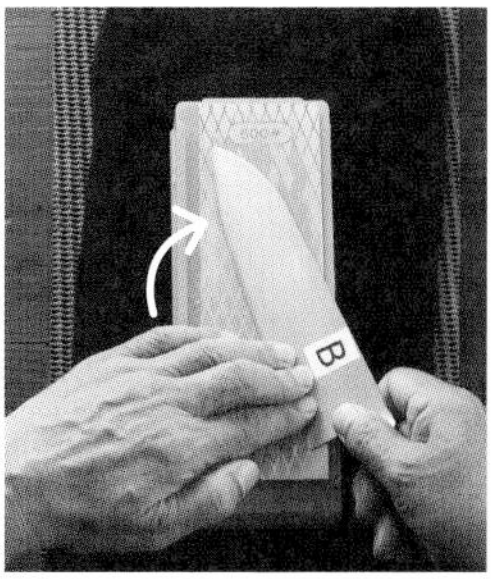

手順の詳細

砥石全体を使って刃元を研ぐ

切っ先の向きが変わっても研ぎ方は同じ。刃元を約2kgの力で押し、引くときには力を抜いた状態で砥石の上をすべらせて戻します。砥石全体を使うようにして動かしましょう。

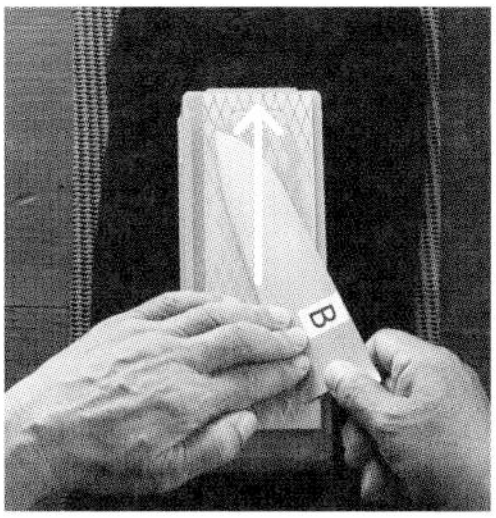

▶

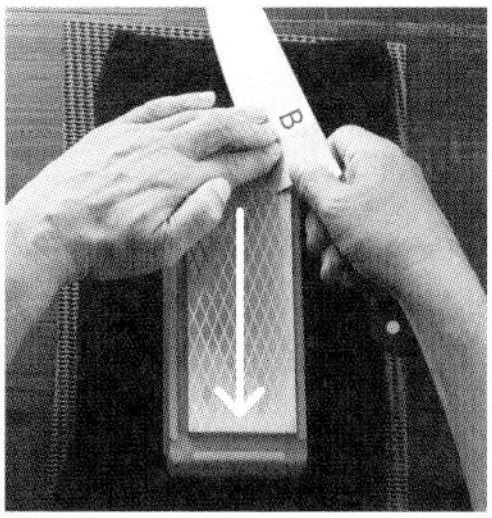

09

カエリを確認する

B面の刃元を確認

B面の『③刃元』を左手の親指で右から左に向かってになでるように触ります。ザラザラとした突起が指先にひっかかればカエリが出ている証です。

▶

→カエリが出たら次のステップP.40へ

→カエリにあまい部分がある場合は、その部分をカエリが出るまで研ぎます

10

水をつけて『④切っ先』を10往復研ぐ

『③刃元』のカエリが確認できたら、最後に『④切っ先』を研いでいきます。右手で包丁を正しく持ち、左手で砥石に水をつけます。『④切っ先』を砥石にのせたら左手と包丁が90度になるように構え、向こう側に15度に寝かせましょう。『④切っ先』部分は刃がカーブしているので、柄を持っている右手を少し上に持ち上げ、砥石に切っ先を**点でつける**のがポイントです。切っ先がよく見える場所に左手の指２本を置き、しっかりと砥石に押しつけます。切っ先は刃が繊細なので**約0.5kg(500g)の力で10往復**研いでいきましょう。

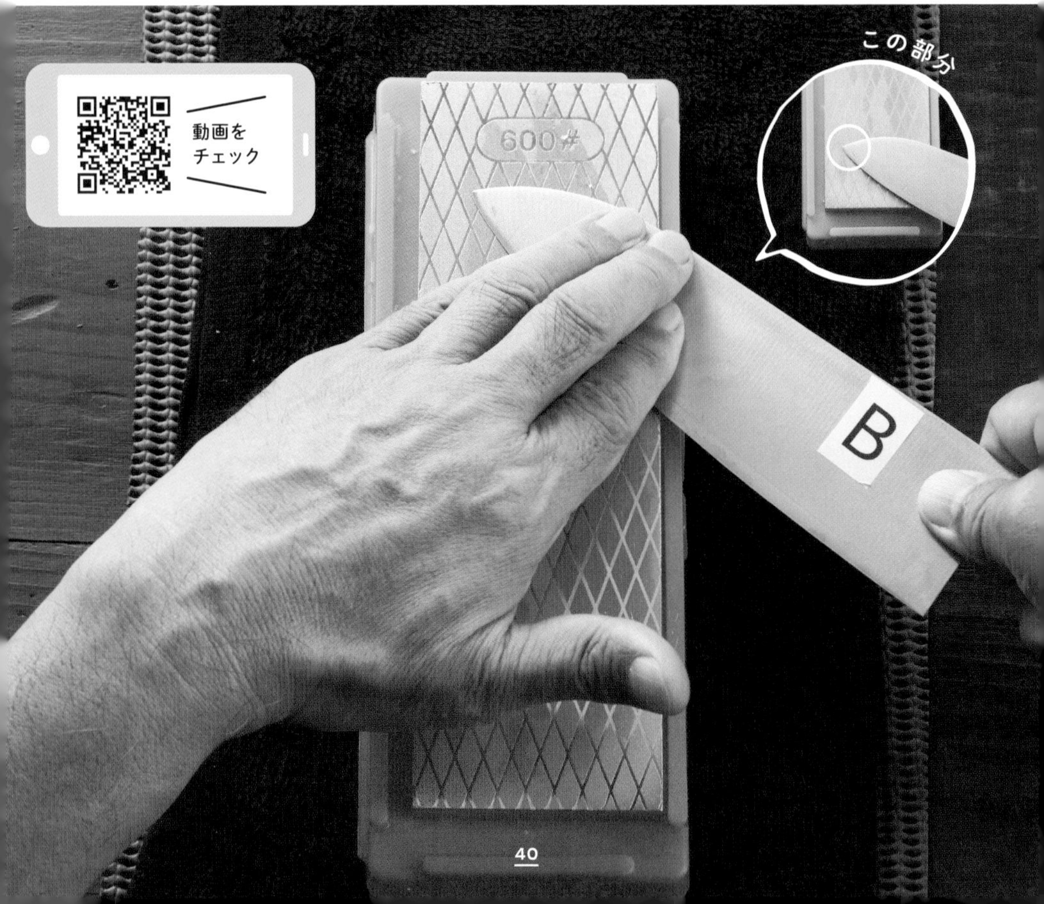

注意点

左手の押す力は 0.5kg(500g)で

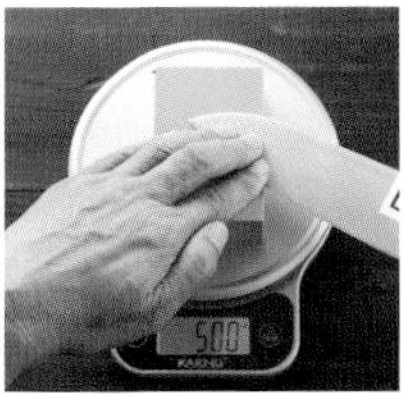

切っ先は面積が小さく、デリケートな位置なので押す力は0.5kgの力で研ぎます。

切っ先は点で合わせる

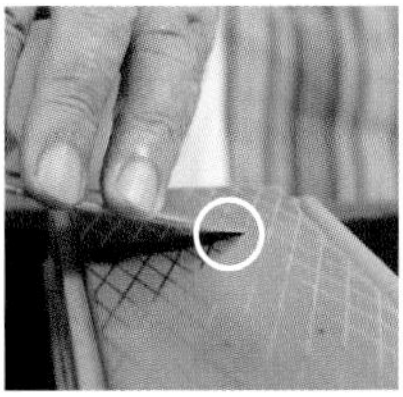

切っ先はカーブがかっているため、柄の部分を少し持ち上げて点であたるように構え、ガリガリとひっかくように研ぎます。

とぎ汁が線になれば研げている証拠

荒砥石ではわかりにくいのですが、切っ先を研ぐととぎ汁が線になります。(写真は中砥石)

砥石全面を使う

点で研ぐ場合は、同じ部分ばかりを往復しないよう研ぐ場所を左右に移動させながら、砥石全体を使って研ぎましょう。

手順の詳細

『④切っ先』は 10往復で1セット

10往復毎に一度カエリを確認します。他の部分と同様に、手前に戻すときは力を抜いて砥石の上をすべらせます。

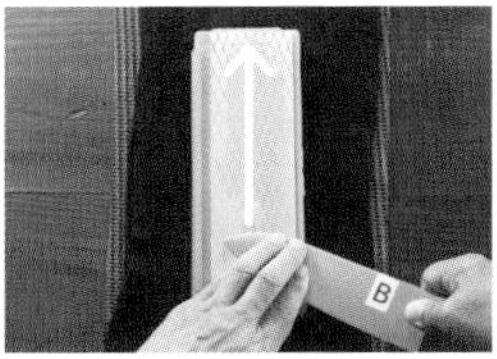

▶

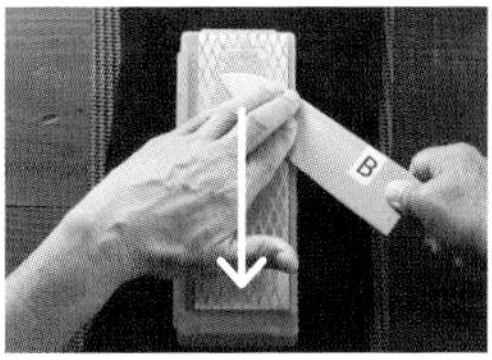

11

カエリを確認する

B面側の切っ先を確認

B面側の『④切っ先』を左手の親指で右から左になでるように触ります。ザラザラとした突起が指先にひっかかればカエリが出ている証です。

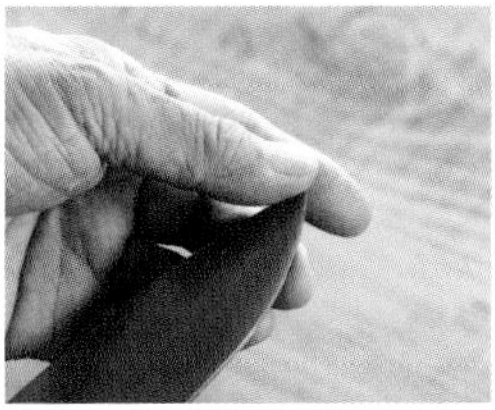

▶

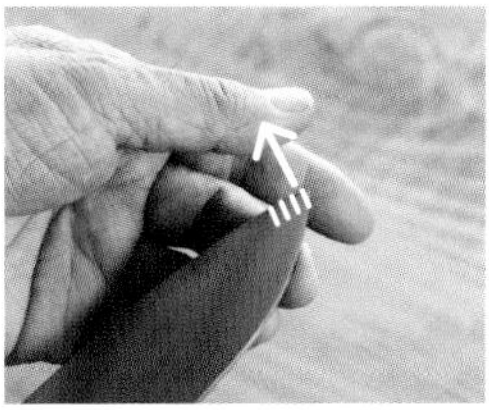

→切っ先のカエリが出ていたら、B面全体のカエリも確認する。
全体的にカエリが出ている場合は次のステップP.42へ

→カエリがあまい部分がある場合は、その部分をカエリが出るまで研ぎます

12

B面についたカエリを取る

B面全体に出たカエリを取っていきます。

まず『③刃元』を砥石にのせ、A面を上にして包丁を手前30度に傾けます。A面の先端部を左手で軽く押さえ（約0.3kg（300g）の力）、包丁を手前にすべらせながら『③刃元』→『②中央部』→『①先端部のそり』→『④切っ先』の順に砥石にあたるよう、右腕を後ろ斜め45度に引くようなイメージで動かします。これを3～5回行いましょう。

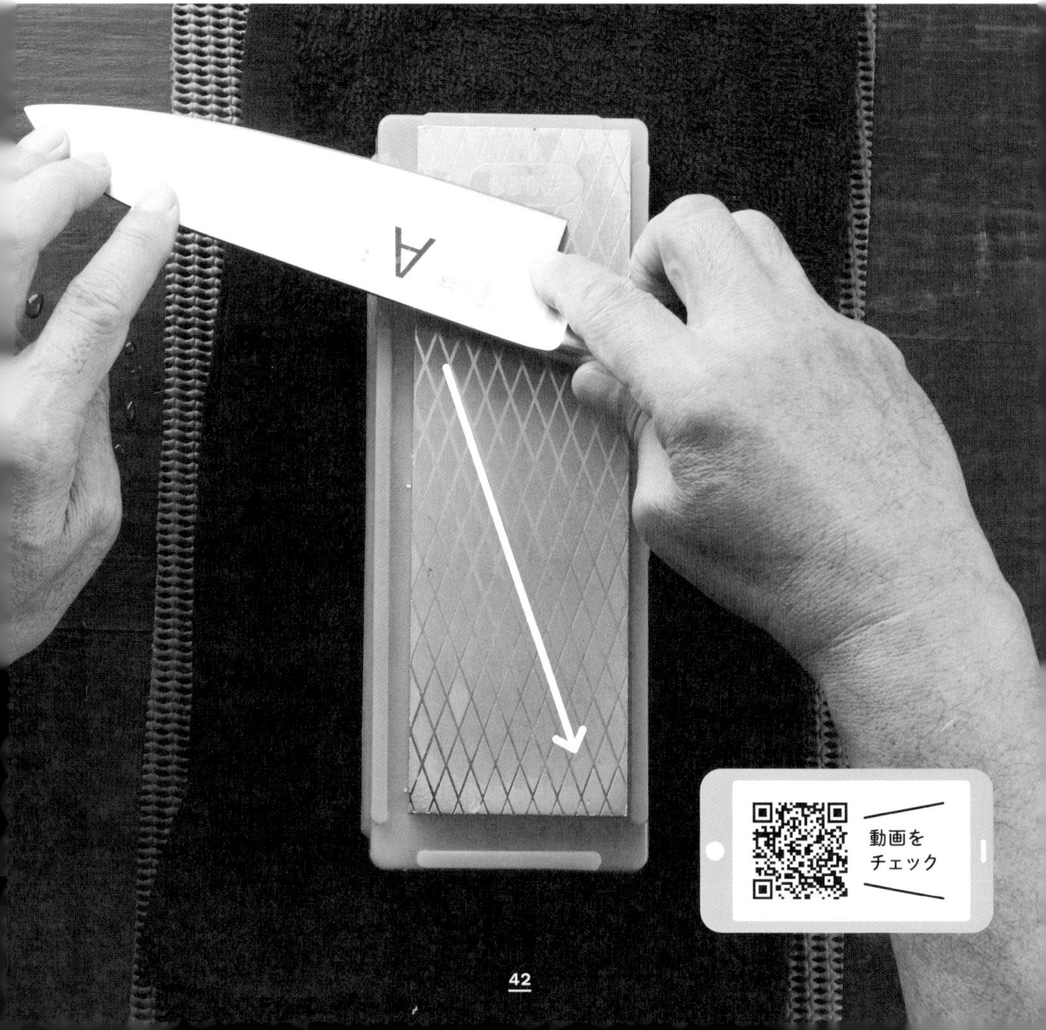

手順の詳細

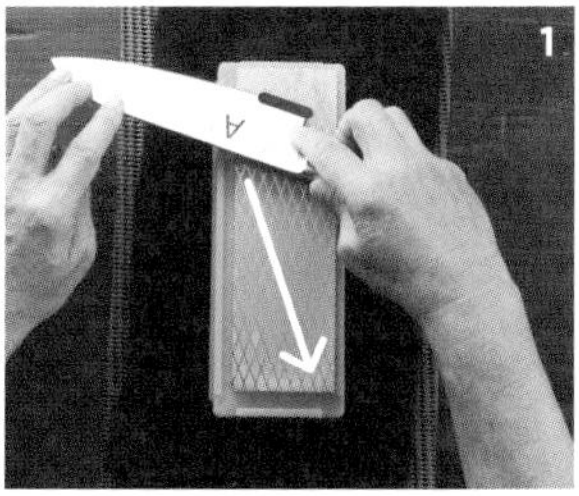

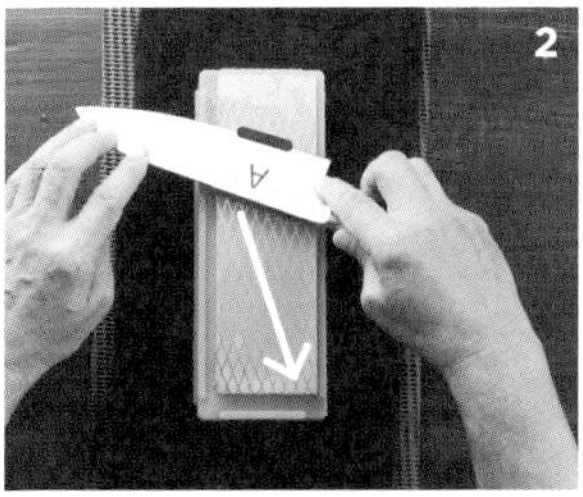

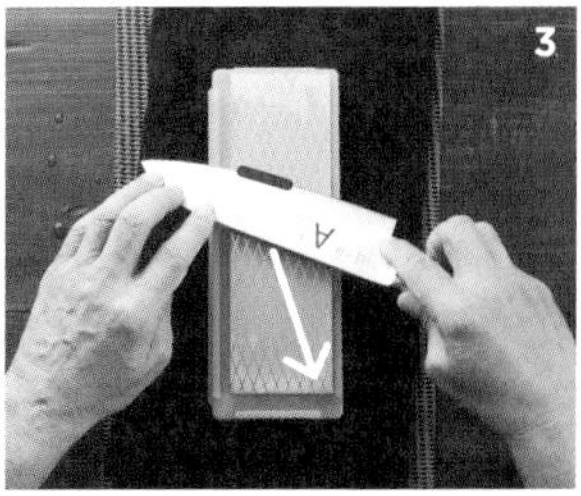

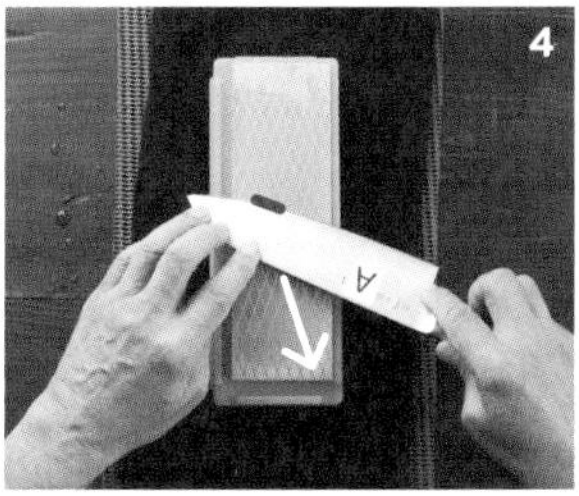

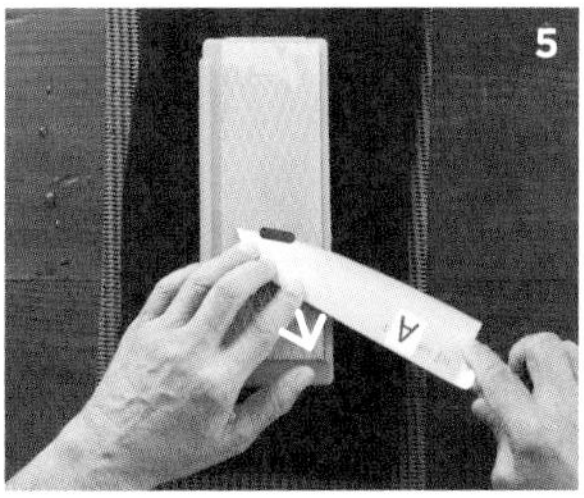

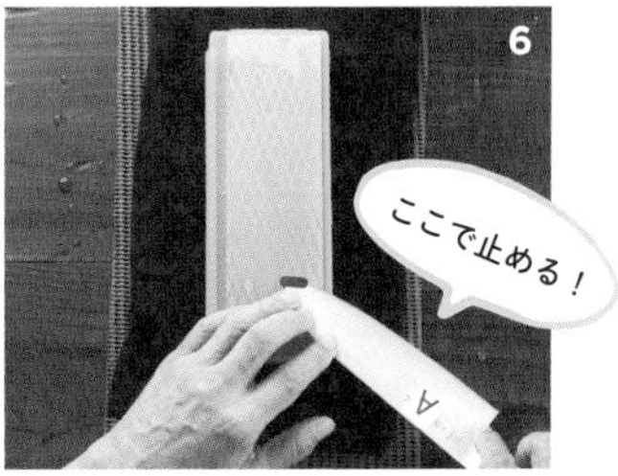

右腕を手前に引きながら包丁を左奥から右手前へ動かす

右腕を手前に引きながら、「写真」のように、包丁を右から左へ動かし、刃元から切っ先に向けてすべらせます。砥石の面を奥から手前に動かすようなイメージです。切っ先が砥石の手前にきたところでストップ。3〜5回繰り返します。

注意点

斜めに動くけれど包丁は左右に傾けない

包丁は刃先が砥石に面であたっている状態をキープするのがポイント。砥石の角にあたってしまうとカエリが取れないので注意しましょう。

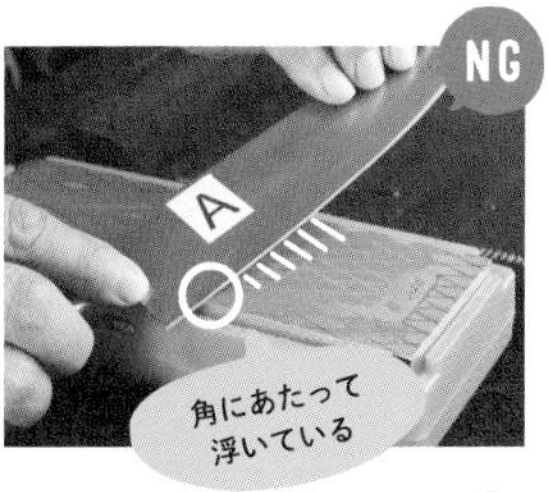

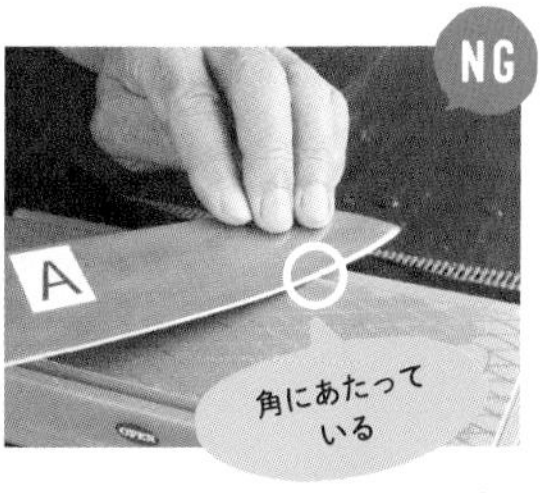

切っ先は砥石から落とさない

いきおいよく動かして手前へ包丁を落としてしまわないように注意しましょう。切っ先は、砥石の角やテーブルにぶつかると欠けやすいので、砥石の上でピタッと止めることが大切です。

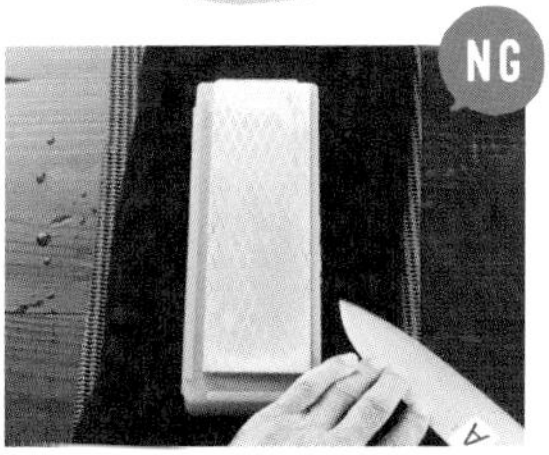

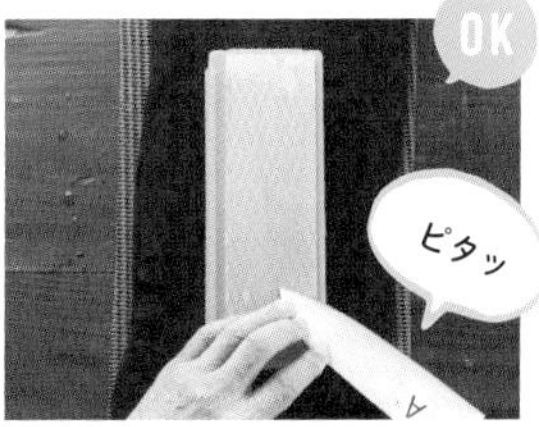

→B面のカエリが取れたら次のステップP.44へ

→部分的にカエリが残っている場合は、そこの部分だけ砥石の奥から手前にすべらせて除去する

13

A面、B面のカエリを取る

B面に出たカエリを取ると、今度はA面に小さなカエリが移ります。このカエリをすべて取るためには砥石の下に敷いているタオルを使います。
左手をタオルの手前側におき、包丁をB面が手前に向くように持ち、包丁を向こう側に少し寝かせます(約60度)。包丁を約0.7kg(700g)の力で押さえ、包丁の刃先についた汚れを布で取るような気持ちで、向こう側へ『④切っ先と①先端部のそり』『②中央部と③刃元』をそれぞれ各5回ずつこすりましょう。

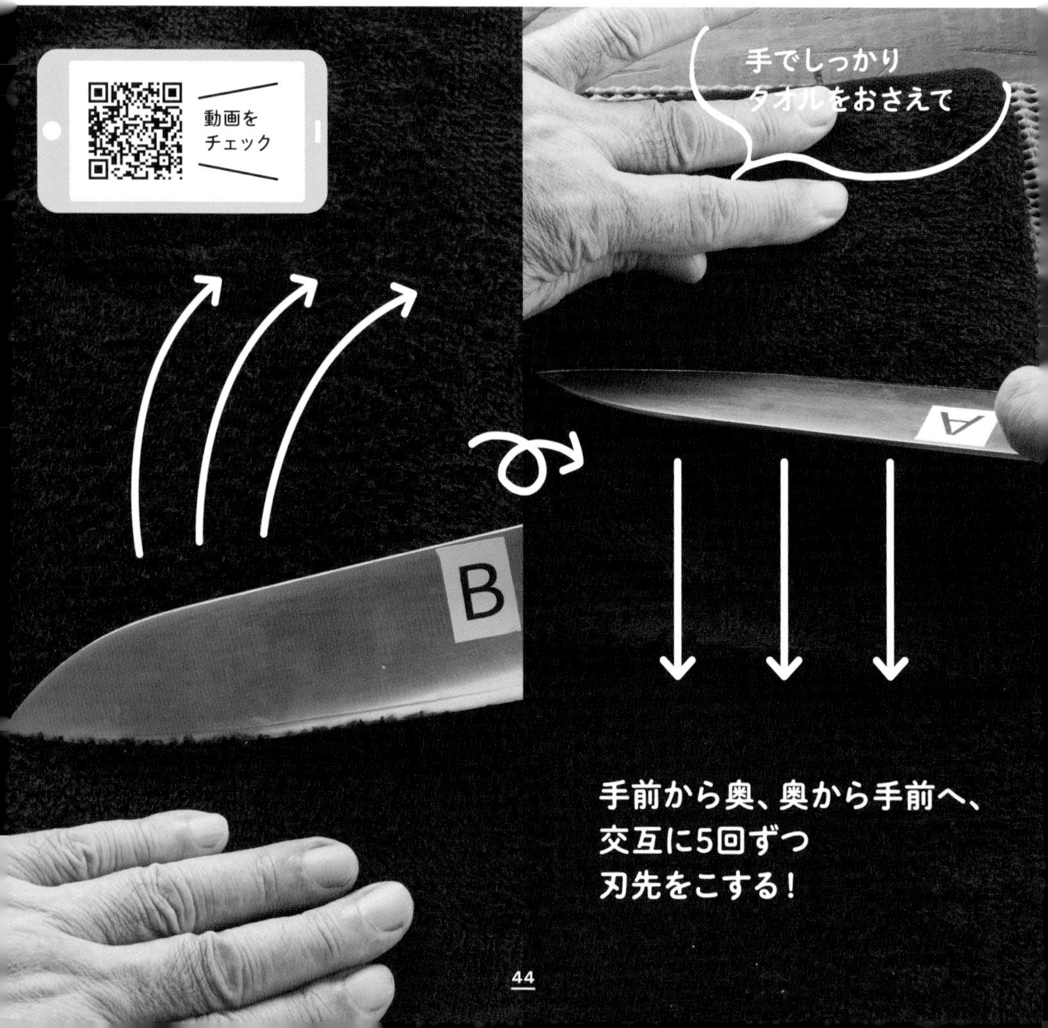
動画を
チェック
B
手でしっかり
タオルをおさえて
A
手前から奥、奥から手前へ、
交互に5回ずつ
刃先をこする！

角度の詳細

包丁の角度は約60度

包丁を写真(**a**)のように、タオルに対して直角に置きます。A面のカエリを取る場合はそこから向こう側へ(60度)(**b**)。B面のカエリを取る場合は手前側に寝かせます(60度)。

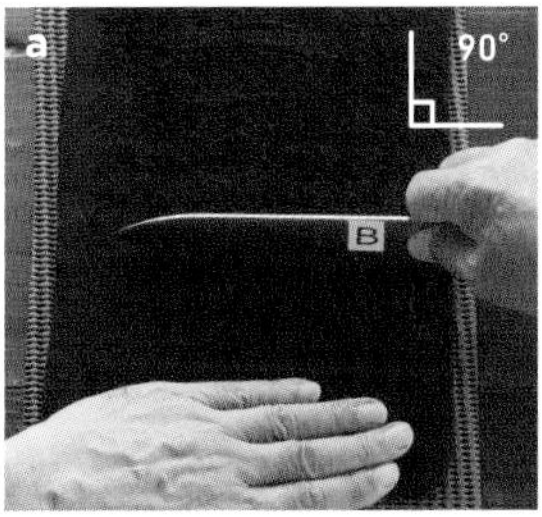

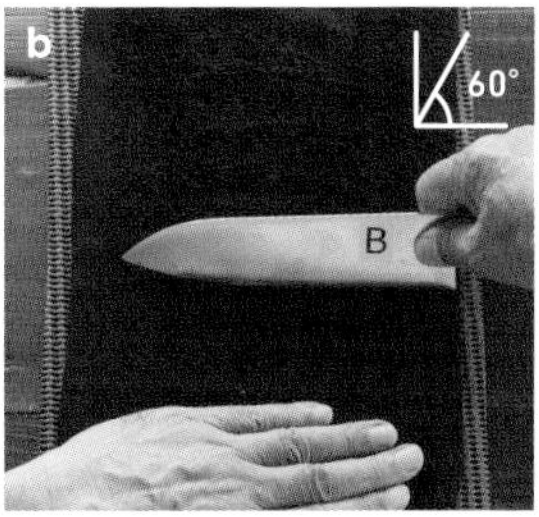

A面のカエリを取る

A面『④切っ先と①先端部のそり』のカエリを取る

タオルの手前側に『④切っ先と①先端部のそり』をのせ、向こう側に寝かせます。左手でタオルの手前側をおさえたら、奥へ向かって5回こすりましょう。

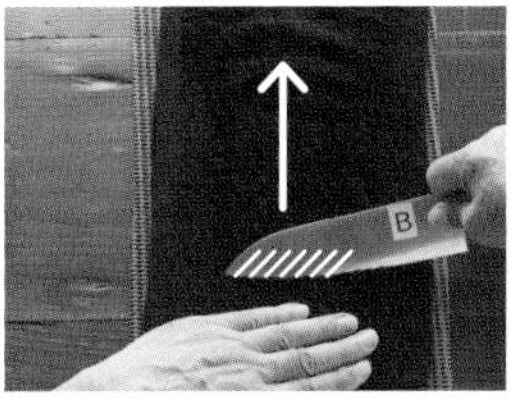

A面『②中央部と③刃元』のカエリを取る

タオルの手前側に『②中央部と③刃元』をのせ、向こう側に寝かせます。左手でタオルの手前側をおさえたら、奥へ向かって5回こすりましょう。

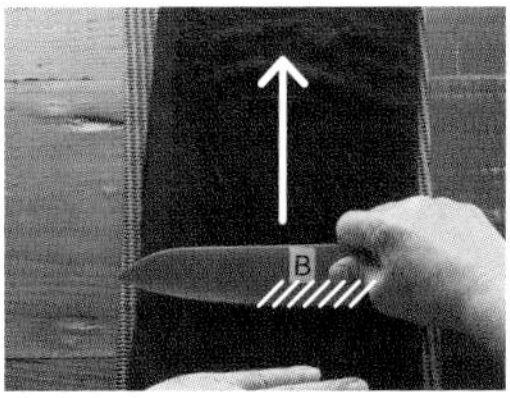

B面のカエリを取る

B面『④切っ先と①先端部のそり』のカエリを取る

タオルの奥側に『④切っ先と①先端部のそり』をのせ、手前側に寝かせます。左手でタオルの奥側をおさえたら、手前へ向かって5回こすりましょう。

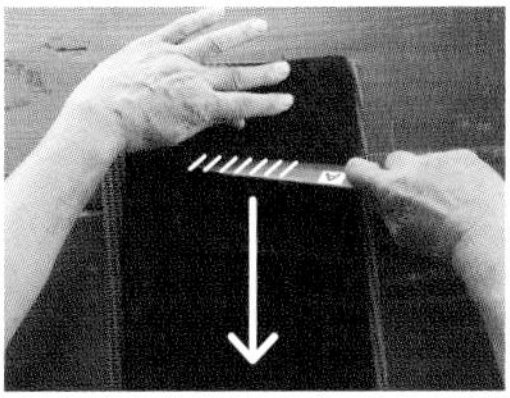

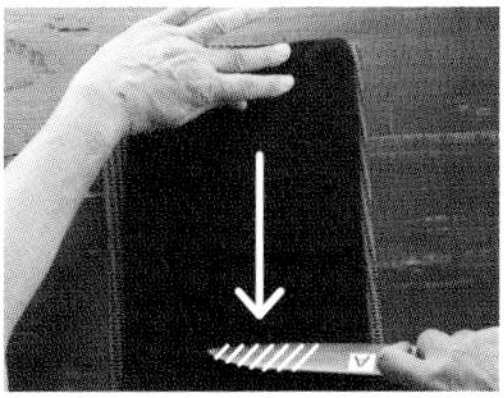

B面『②中央部と③刃元』のカエリを取る

タオルの奥側に『②中央部と③刃元』をのせ、手前側に寝かせます。左手でタオルの奥側をおさえたら、手前へ向かって5回こすりましょう。

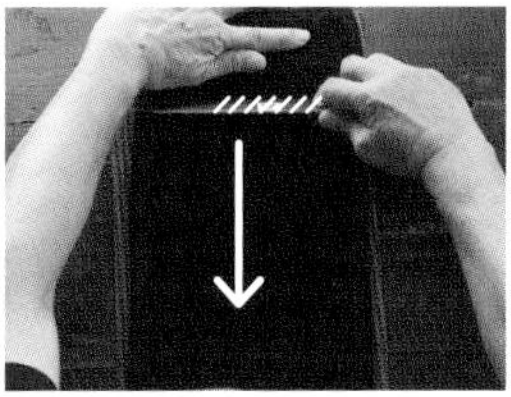

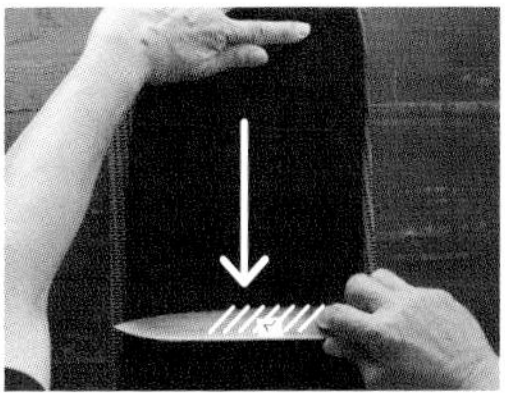

14

刃付け完了！

両面のカエリが取れたことを確認

B面のカエリを確認

B面のカエリは左手の親指で右から左へ

B面側はP.35と同様、左手の親指を右から左へ動かしながらカエリがとれたことを確認します。

▶

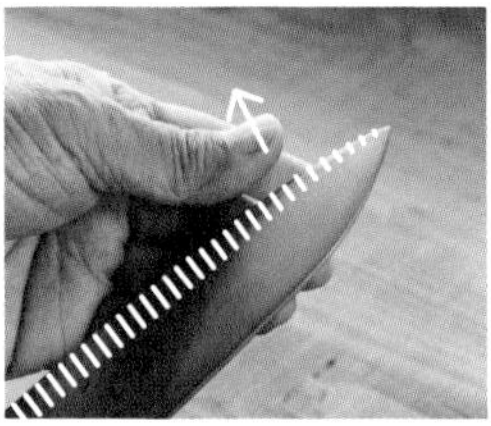

A面のカエリを確認

A面のカエリは左手の人差し指で右から左へ

A面側のカエリは、左手の人差し指を右から左へ動かしながら確認します。

▶

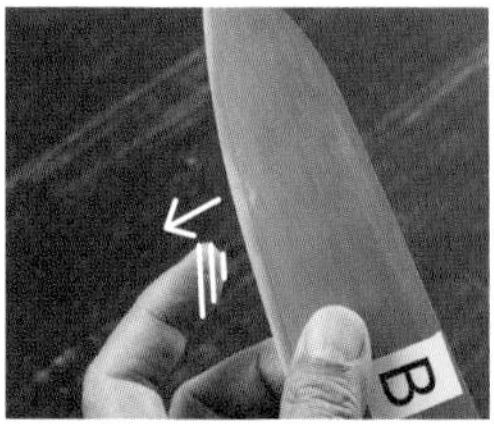

もしくは……

A面を上に向けて右手の親指で確認

左手の人差し指で確認するのが難しい場合は、包丁を左手に持ちかえてA面を上に向け、右手の親指を左から右へ動かしながら確認してもOK。

▶

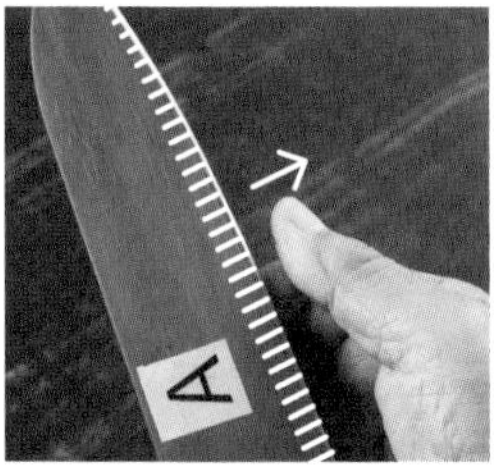

→A面もB面も完全にカエリが取れたら次のステップP.47へ

→どちらかにカエリが残っている場合は、その部分をタオルでこすって完全にカエリを取りましょう

15

『中砥石《なかといし》』を使って研ぐ

『荒砥石』で、丸くなった包丁の刃付けが完了したら、次は『中砥石』の出番。粒子の細かい中砥石で粗削りな刃先をさらに切れ味よく研ぎ上げていきます。研ぎ方は『荒砥石』も『中砥石』も同じなので、P.30に戻って荒砥石と同じ手順で研ぎましょう。

一度荒砥石での
刃付けができたら、
次回同じ包丁を研ぐときは、
中砥石だけでOK
動画を
チェック

16

試し切りをする

トマトやピーマン、玉ねぎなどの野菜を切って、切れ味の変化を確認しましょう。切れない包丁は、刃がすべってしまうのに対し、刃先が研がれた包丁は、軽い力でもスッと食材に刃が入り、トマトは皮が潰れません。玉ねぎなら繊維を潰さずに切れ、目が痛くならないことに驚くでしょう。

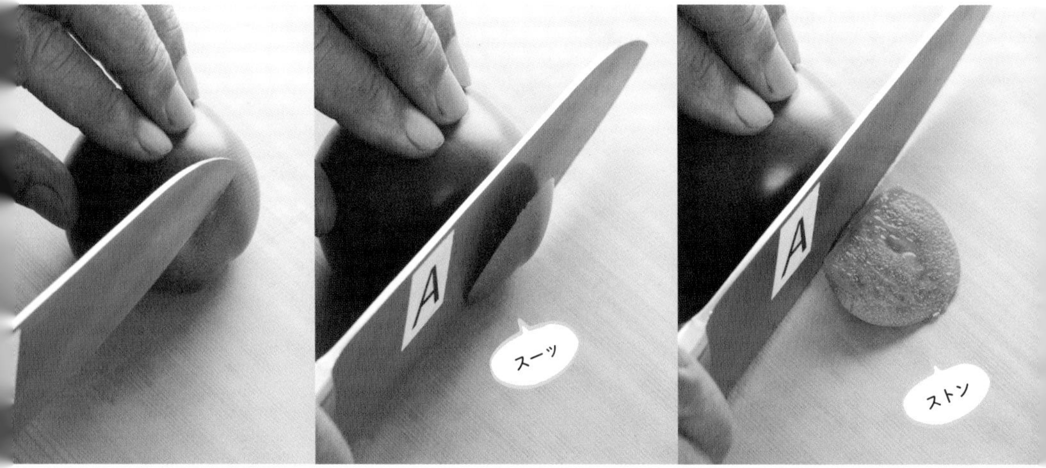

包丁の重みだけで トマトがスッと切れる

包丁の柄の部分を、親指と人差し指で軽くはさんで持ち、トマトの端に刃先をのせます。そのまま包丁の重みに任せて切ってみましょう。力を入れなくてもスッと切ることができれば研げている証拠。ここまでしっかりと研げていれば、サンドイッチも断面を潰さずにきれいにカットすることができますよ。

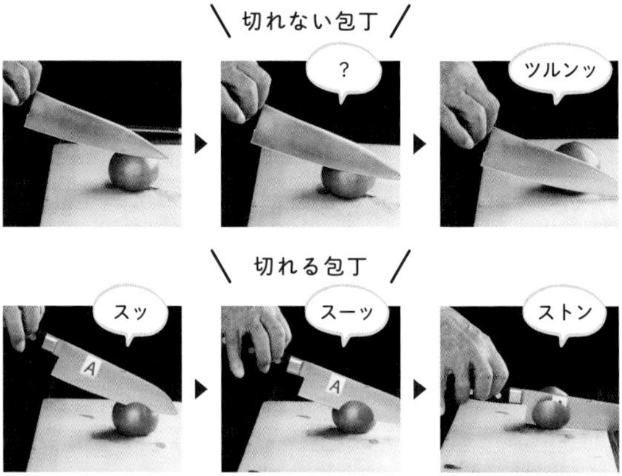

→どこか切れ味が悪い場合は、カエリが取れていないことがあるので、その場合は、再度P.44の手順で包丁をこすり、カエリを完全に取ります

COLUMN 2

研ぎ方Q&A

Q

100回くらい研いだのに
カエリが出ません

A. カエリが出ないのにはさまざまな理由があります。

1. 包丁と砥石の角度が15度より小さい（寝かせすぎ）
寝かせすぎると、包丁の側面の削られる量が多くなり、なかなかカエリは出ません。角度を確認しましょう。

2. 包丁の刃先が減りすぎている
刃先が減りすぎて丸くなってしまった場合、刃先を研ぎ出すまで大量の素材を研磨する必要があり、時間がかかります。20往復を1セットとし、その都度カエリを確認しながら、カエリが指で確認できるまで研いでください。

3. 包丁の素材がかたく、砥石との相性が悪い
目の細かい仕上げ砥石で研いでいると、研磨する量が少ないのですり減った刃先を研ぎ直すには時間がかかります。購入してから研がずに使い続けた包丁は、＃500番程度の荒砥石から研ぎなおしを実施しましょう。包丁の材質がステンレスやハイス鋼（ハイスピードスチール）・v金10号などの高硬度金属の時は、その材質に適した砥石を使用します（P.70〜73を参照し、ご自身の包丁に合った砥石を購入しましょう）。

Q 両刃である三徳包丁を この本では片刃に仕上げていますが、B面は一度も研がなくてよいのでしょうか

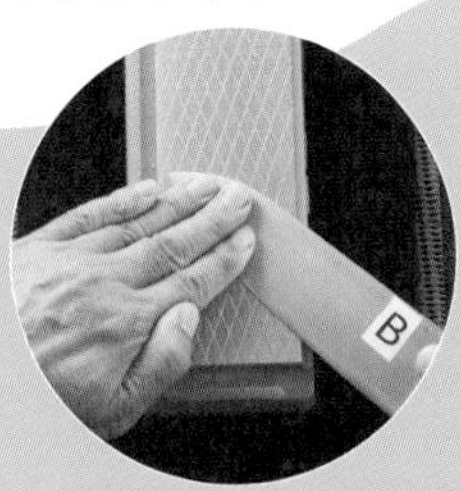

A. B面側はカエリを除去するときに研いでいますので、刃先は8対2程度の両刃(P.24、57参照)になっています。

Q 包丁はどのくらいの頻度で研ぐのですか？

A. プロは仕事が終わったら、毎日研いでいますが、普通のご家庭で包丁の切れ味を保つためには、鋼《はがね》製なら2週間に一度、ステンレス製なら3週間に一度、中砥石で研げばよいでしょう。基本は切れなくなったと感じたら研ぐことです。

包丁を研いだ直後は鉄のニオイが包丁に付着しているため、一晩おいて鉄のニオイを抜いてから使用するのがオススメです。研いですぐに使用するときは、クズ野菜などを切って鉄臭を抜いてから使用します。

Q パン切り包丁は研げますか？

A. 波刃のパン切り包丁は製造工程で波形の回転砥石で刃付けをしているので、それと同じ波形砥石にあてて削らないと刃を出すことができないため、自分では研ぐことはできません。ただ、三徳包丁や牛刀を中砥石で仕上げれば、食パンも簡単に切れるようになりますよ。

第三章

包丁が切れるしくみを理解しよう

一口に包丁といっても、その種類はさまざま。自宅で使っている包丁が何という種類のもので、どの素材を使っているのか、わからない方も多いのではないでしょうか。ここでは、「両刃と片刃の違い」や「和包丁と洋包丁の種類と特徴」などを紹介。包丁が切れるしくみを知ることで、より使い勝手のよい包丁にする研ぎ方が理解でき、さらに包丁への興味や愛着が深まるでしょう。

包丁の構造

両刃

左右裏表の形が同じ

刃の表と裏が同じ角度で研いであるもの。肉、魚、野菜などなんでもこれ１本で切ることができるので、ほとんどの人が普段使いしているのはこの両刃。右利きでも左利きでも使用できます。

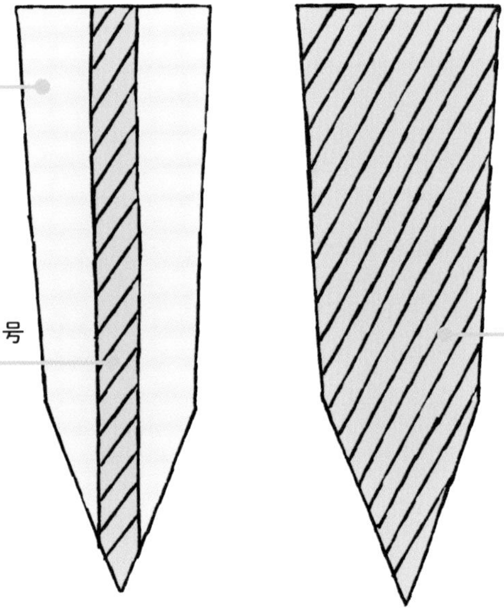

[素材を組み合わせた刃]
[ひとつの素材でできた刃]
・軟鉄
・サビづらい
ステンレス
・かたい鋼《はがね》
・とてもかたい
ハイス鋼、v金10号
・オール鋼《はがね》
・オールステンレス
・オールセラミック

苦手
丸みがあるもの
はすべる
得意
まっすぐ
切る

包丁には両刃と片刃の2種類があり、それぞれ得意な切り方や食材があります。

片刃

左右裏表の形が違う

片面が平面、反対側が裏隙《うらすき》でへこんだ鋭角の鋭い刃先のもの。日本の食文化とともに育ち、プロの料理人が使う和包丁のほとんどがこの片刃(和包丁の中でも唯一両刃である家庭用の菜《なっ》切《き》り包丁も、プロ用の薄刃包丁は片刃です)。魚を骨ごと切ったり、断面を美しく切ることに特化しています。

[素材を組み合わせた刃]　**[ひとつの素材でできた刃]**

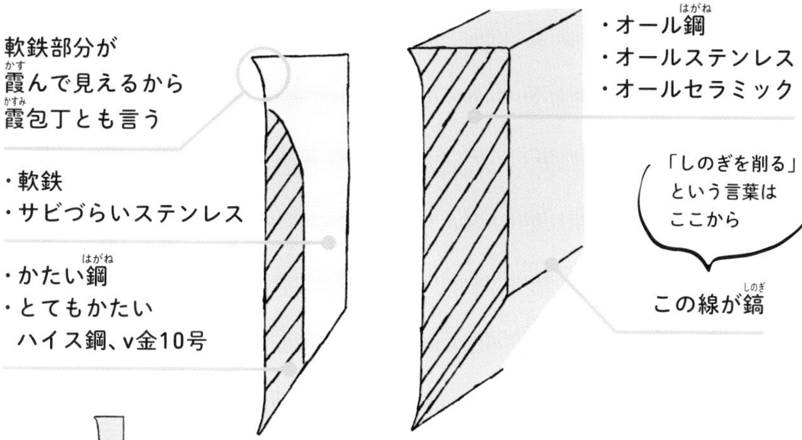

軟鉄部分が
霞《かす》んで見えるから
霞《かすみ》包丁とも言う
・軟鉄
・サビづらいステンレス
・かたい鋼《はがね》
・とてもかたい
ハイス鋼、v金10号
・オール鋼《はがね》
・オールステンレス
・オールセラミック
「しのぎを削る」
という言葉は
ここから
この線が鎬《しのぎ》

苦手

かたいものを
まっすぐに切る
(斜めに切れてしまう)

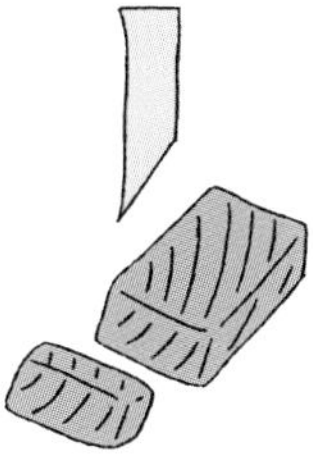

得意

魚の身などを
スッときれいに
切る

包丁の造り方MEMO

1つ1つ職人が作る「鍛造」と大量生産できる「型抜き」

●鍛造《たんぞう》

鍛冶屋《かじや》などで鉄の塊を800°C程度に加熱して、ハンマーで叩きながら包丁の形を造ったもの。鋼がきめ細かい繊維となり、よく切れます。

●型抜き

型抜き造りは、製鉄所で製造された鉄板を、包丁工場でレーザー光線や切断機で包丁の形に切り取り製造されたもの。通常の廉価品《れんかひん》はこの製造方法が多い。

主な包丁の素材

鉄製

オール鋼《はがね》又は鋼《はがね》＋軟鉄

▼よく切れて、折れずに曲がらない日本刀の素材。切れ味はよいがサビやすく、手入れが面倒。切れ味重視のプロが使用。

ステンレス鋼《こう》

▼鋼《はがね》と比べると少しかたく、切れ味は劣る。サビにくく、手入れが容易。

合わせ鋼《こう》

▼切れ味を左右する芯材となる刃先を、鋼《はがね》や高硬度金属のハイス鋼（ハイスピードスチール）・V金10号等とし、包丁の周囲にサビびづらいステンレスなどの異種金属を覆いかぶせたもの。

セラミック製

▼金属製ではなく焼き物でつくられたもの。軽くてカラフルだが、素材がかたく刃こぼれしやすいので研ぐのがむずかしい。

“ステンレスは研がなくていい”はうそ

ステンレスは素材がかたいため、研がなくてもいいと思っている方もいますが、それはうそ。たしかに、鋼と比べるとかたい素材になるので、刃先は消耗しにくいかもしれませんが、どんなにかたい金属でも刃先は消耗し、いつかは切れなくなります。かたいステンレスを研ぐには時間も労力も必要ですし、昭和初期には、ステンレスを研ぐ砥石が少なかったため、そんな噂が広まったのかもしれません。平成ごろから製造されたセラミック系の砥石は、ステンレスもハイス鋼も簡単に研ぐことができます。

※素材の組み合わせはまだまだたくさんありますので、
包丁屋さんを訪れて聞くのもよい勉強になり、オススメです。

あえて両刃を片刃風に仕上げる

普段私たちが使用している**両刃包丁**は、右利きの方も左利きの方も使用できるように、**両方の面から均等に**研いであります。しかし、私の講座では、**8：2で研ぐこと**をオススメしています。右利きの方は右側（A面）を、左利きの方は左側（B面）を8割研ぐのです。なぜならば、**研ぐ手間が半分になる**だけでなく、トマトの端の丸みを帯びた場所でも、**刃先が食い込んでよく切れる**ようになるからです。

刃先の拡大イメージ図でチェック

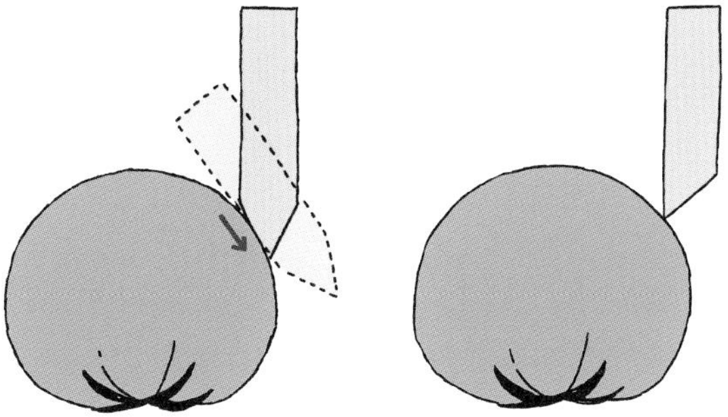

両刃で切ると

トマトの端の丸みを帯びたところに、両刃の刃先をあててみます。これでは刃の側面があたるだけですべって切ることができません。

片刃で切ると

先端を片刃に仕上げると、端の丸みを帯びたところでもスッと刃先が食い込んで、よく切ることができます。

これは賛否あるのですが、私たちが使用する包丁は**“商品”**ではなく、**“自分の道具”**なので、自分が使いやすい刃先にすることが大切だと私は感じています。

ただし、トマトは切りやすくなっても、**片刃の刃先はりんごを半分に切る作業には不向き**だったりもします。**かたいものをまっすぐ下に切る作業が苦手**で、**どちらか一方に傾きながら切れてしまう**のです。その場合は、**反対側を少し研ぐ**と直ります。**どのようなものを切るのかで、刃先の仕上げ方法を変える**ということになりますが、これはシャープナー（簡易包丁研ぎ器）ではできないことです。

市販品のシャープナーでは新品時の切れ味には戻らない

差し込んで手前に引くだけで包丁が研げる、**市販のシャープナー**。ほとんどの方がこのシャープナーで包丁を研いだことがあるのではないでしょうか。とても便利なアイテムに思われますが、**研いだ刃先**を顕微鏡などで見てみると、実は**とげとげしいササクレ状態**になっているのをご存知でしたか？　そのササクレ状態で食材を切るとどうでしょう……そのササクレは**切るたびに剥離**し、**切れ味がすぐに落ちてしまいます**。

私は、**「簡易なものは何かを失う！」**と思っています。簡易は簡易なので、砥石で研いだ切れ味に戻すことは難しいのです。私の講座でも、長年シャープナーで研ぎながら使用するあまり、包丁の中央部が減り、先端部と刃元が出ていて、全体的な包丁の形がアーチ状に変形してしまっているものを見かけます。

また、シャープナーでは**刃先の角度を調整できません**ので、自分好みの刃先に仕上げることはできません。本来のシャープナーは、普段、砥石で研いる人が、**やむなく使用する程度のもの**と聞いたことがありますので、常用は避けた方がよいと思います。

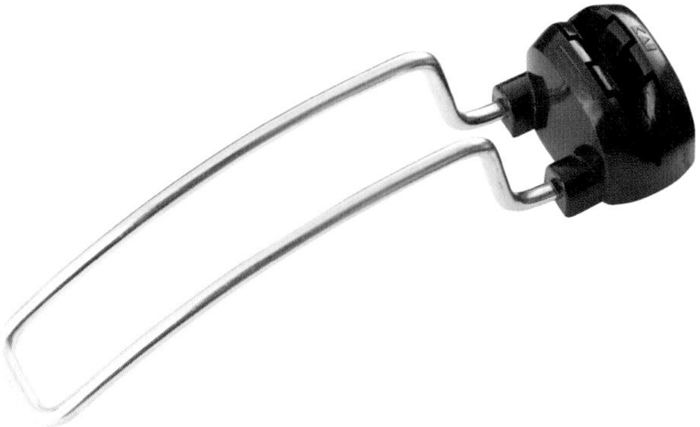

シャープナーだと刃先が鈍角になる

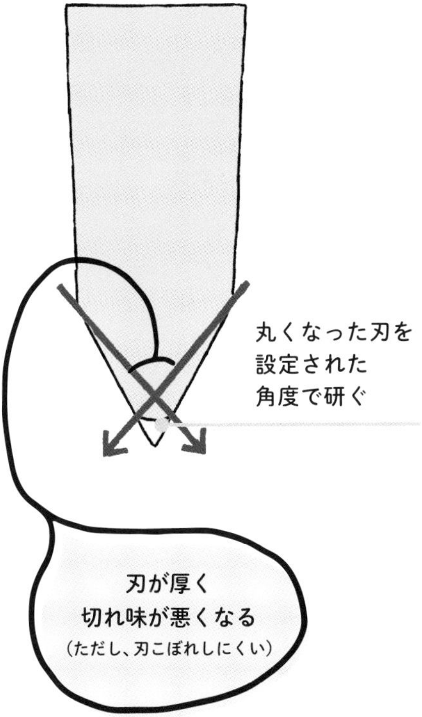
丸くなった刃を
設定された
角度で研ぐ
刃が厚く
切れ味が悪くなる
（ただし、刃こぼれしにくい）

自分で研げば、自分の使いやすい刃の角度にできる

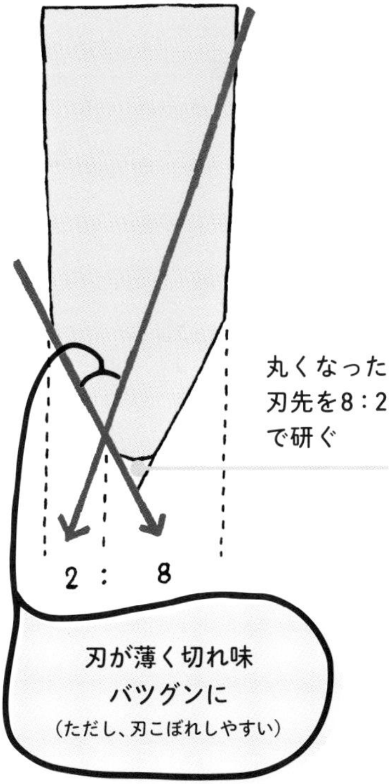
丸くなった
刃先を8：2
で研ぐ
2：8
刃が薄く切れ味
バツグンに
（ただし、刃こぼれしやすい）

シャープナー
ばかり
使いすぎると……
包丁の中央部ばかり
研ぎすぎて、
刃がアーチ状に
なってしまいます。

包丁の種類

包丁の種類はとても豊富なので、ここでは、私たちが家庭でよく使うものや、よく目にする包丁を紹介します。

洋包丁

魚、鳥獣肉、野菜まで
さまざまな用途に使える包丁。

牛刀《ぎゅうとう》

［両刃（片刃もあり）］

世界中で使われている西洋包丁の代表格。

三徳《さんとく》包丁

［両刃］

万能包丁とも呼ばれ、どの家庭にも置いてある。

ペティナイフ

［両刃］

くだものの皮むきなどに使われる小形ナイフ。

和包丁

日本の食文化で生まれた、魚、鳥獣肉、野菜など、
それぞれ得意な食材を切るのに特化した包丁。

出《で》刃《ば》包丁

［片刃］

和包丁の代表格。刃が厚く、重いので、魚や鳥獣の骨などのかたいものを切りやすい。

柳《やなぎ》刃《ば》包丁

［片刃］

魚の身を切ることに特化した包丁。お寿司屋さんなどで職人が使用している。

菜《なっ》切《き》り包丁

［両刃（プロ用の薄刃包丁は片刃）］

野菜専用包丁。レタスやキャベツなどの大きな野菜を切る、大根のかつらむきなどが得意。

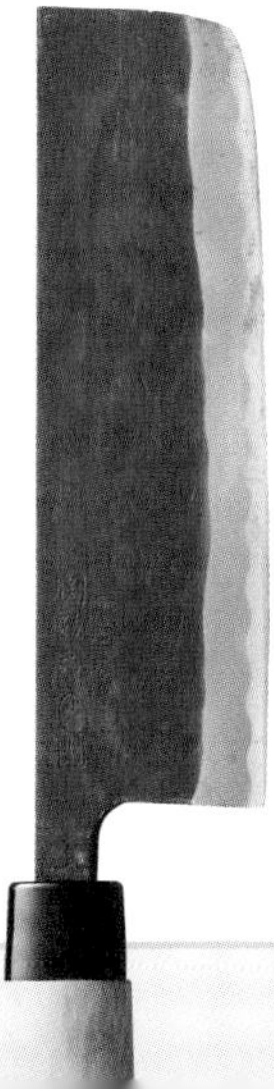

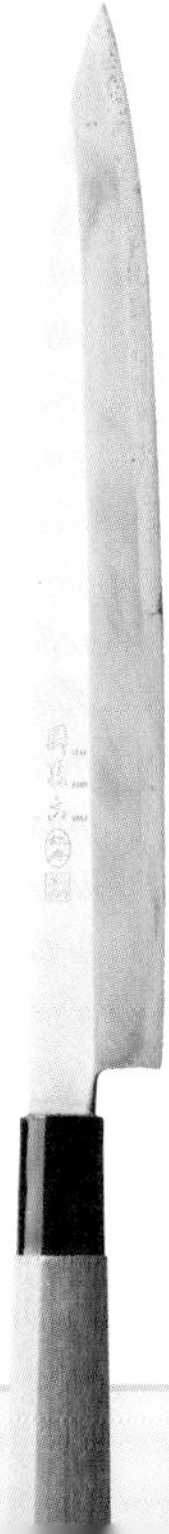

和包丁の繊細な作りとこだわり

裏面には「裏隙《うらすき》」といわれるへこみがあり、その効果で鋭利な刃先になる。切っているとき身離れがよく、食材に鉄のニオイを付着させないための構造になっている。

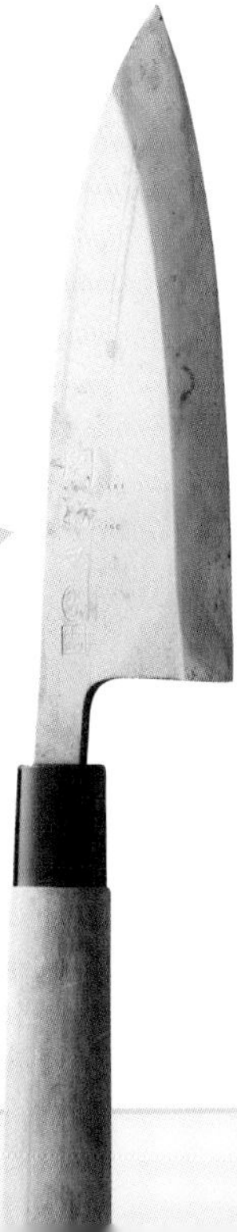

洋包丁

牛刀《ぎゅうとう》

刃：両刃（片刃もあり）

世界中で使われている西洋包丁の代表格

肉、魚、野菜を切るなど、多用途に使える万能包丁です。日本の三徳包丁は、出刃包丁と菜切り及び西洋の牛刀を参考に作られています。牛刀は三徳包丁よりも刃渡りが長く、塊肉を切るのに優れているのが特徴です。

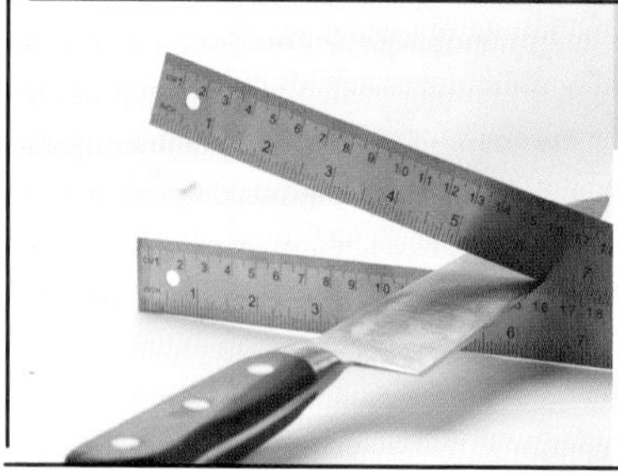

研ぐ刃の角度 | **15度**

研ぐときの基本の角度は15度です。基本的にはP.21からの三徳包丁と同じやり方で研げますが、三徳包丁よりも刃が長いので、刃の長さを4回以上に区切って研ぐといいでしょう。

洋包丁

三徳《さんとく》包丁

刃：両刃

A面

B面

家庭用の 万能包丁といったらこれ

どの家庭でも使われているのがこの三徳包丁。肉、魚、野菜の3つに対応していることから「三徳」という名が付きました。かつてはどの家庭でも野菜を切る菜切り包丁や、肉や魚を切る出刃包丁を使い分けていましたが、時代とともにすべての作業が１本でこなせる三徳包丁に切りかわりました。

研ぐ刃の角度　15度

研ぐときの基本の角度は15度です。15度よりも包丁を寝かせると薄く鋭く研げますが、刃こぼれしやすくなります。逆に15度より起こすと厚く切れにくい刃になります。ただし、刃こぼれはしにくいです。P.24、55、57のように、片刃に研ぐのがオススメです。

洋包丁

ペティナイフ

刃：両刃

A面

B面

小回りの利く万能包丁

小形ナイフとも呼ばれ、野菜やくだものの皮むき、飾り切りに使われます。力を必要としない小さな食材を切るのに便利な刃物。

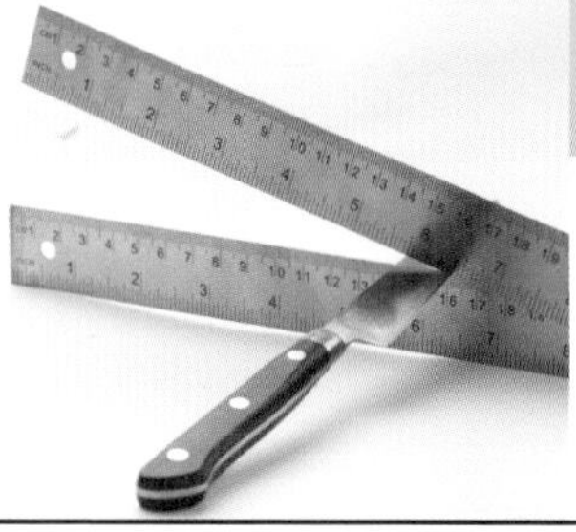

研ぐ刃の角度　**15度**

研ぐときの基本の角度は15度です。基本的にはP.21からの三徳包丁と同じやり方で研げますが、三徳包丁よりも刃が短いので、刃の長さを2回から3回に区切って研ぐといいでしょう。

和包丁

出《で》刃《ば》包丁

刃：片刃

分厚く重い、和包丁の代表格

刃が厚く、重いのが特徴。かつてはどの家庭にもあった和包丁の代表選手。太い刃元でかたい魚を骨ごとたたき切り、薄く鋭い切っ先と鎬《しのぎ》を活用して魚の身を三枚におろすのに優れています。

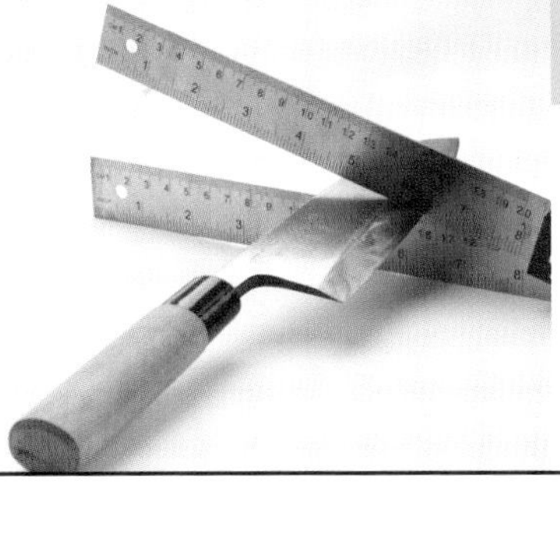

研ぐ刃の角度	15度

出刃包丁は、刃先から鎬の部分を砥石にのせると、自然と刃付け角度の15度程度になります。そのままの角度をキープし、P.21からの三徳包丁と同じやり方で研げます。カエリの取り方はB面全体を砥石の上にのせて、包丁の重みで手前に引きながら取ります。B面の裏隙を確保するため、削りすぎないよう注意してください。

和包丁

柳《やなぎ》刃《ば》包丁（刺身包丁）

刃：片刃

A面

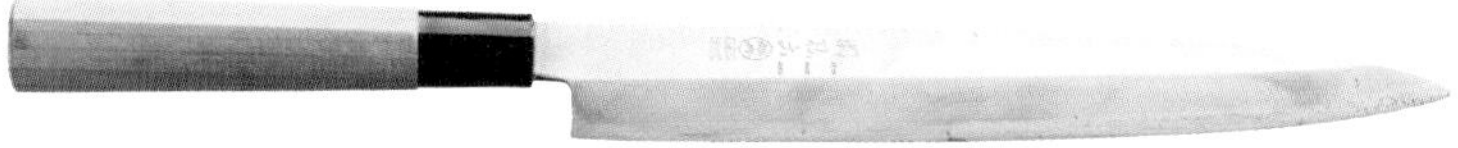

B面

日本食の職人が使う 刺身包丁

魚の身を切ることに特化した包丁です。刃元から切っ先まで全体を使って手前に引き切るため、鋭さ、切り口の美しさに優れていて、主にプロの料理人が愛用している包丁です。お寿司屋さんなどに行くと職人が使っているので見てみてください。

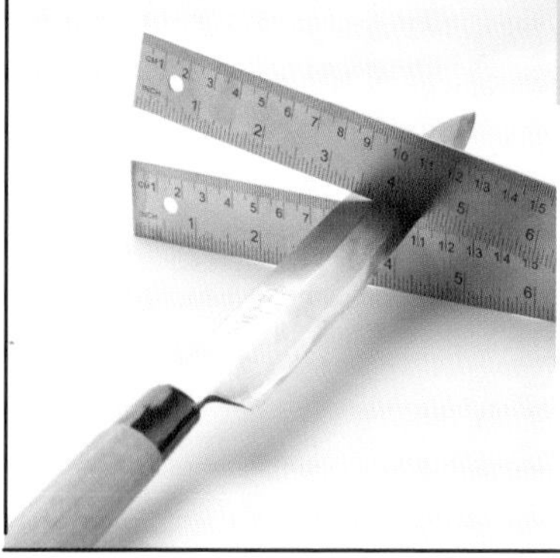

研ぐ刃の角度　10度

柳刃包丁は、刃先から鎬の部分を砥石にのせると、自然と刃付け角度の10度程度になります。そのままの角度をキープし、P.21からの三徳包丁と同じやり方で研げますが、三徳包丁よりも刃が長いので、刃の長さを4回以上に区切って研ぐといいでしょう。カエリの取り方はB面全体を砥石の上にのせて、左手に500g程度の加圧で手前に引きながら取ります。B面の裏隙を確保するため、削りすぎないよう注意してください。

和包丁

菜《なっ》切《き》り包丁

刃：両刃（片刃もあり）

A面

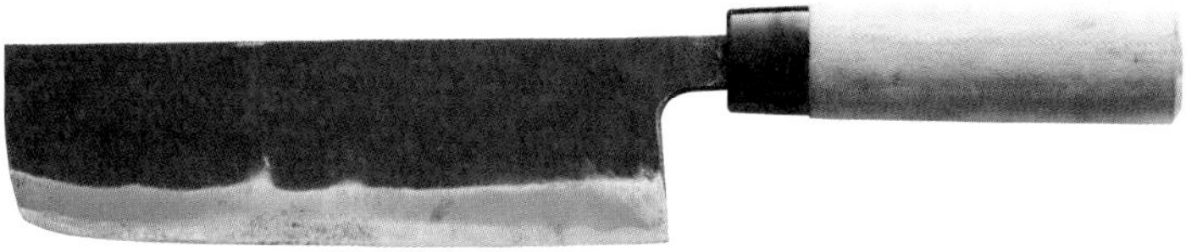

B面

かつらむきが得意な野菜専用包丁

大根、白菜、玉ねぎ、ピーマンなどの野菜専用の包丁です。日本の和包丁ですが、両刃が特徴。野菜の種類によって片刃を活用することもあります。かぼちゃやすいかなど、かたいものをまっすぐ切るのにも優れています。

研ぐ刃の角度	6度

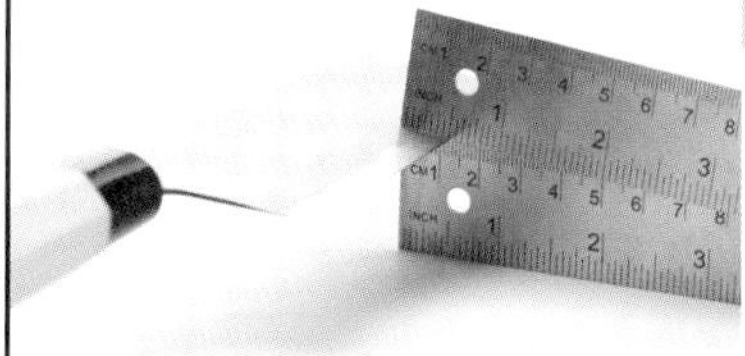

菜切り包丁は、かたい野菜にもスッと刃が入るように、角度を左右3度に倒して、薄く鋭く研ぎます。P.21からの三徳包丁と同じやり方で研げます。

COLUMN 3

和・洋包丁 Q&A

Q 和包丁・洋包丁のおすすめメーカーなどはありますか？

A. 包丁メーカーは多くあり、素材などの関係もありますので一概には言えませんが、一生使える上等な包丁をお求めなら有名店で購入されれば問題ないと思います。私の講座で目立つ包丁は燕三条、関、越前、堺などで製造されているものが多いですね。

Q 和包丁の出刃や柳刃はなぜ右利き用なのですか？

A. 諸説あるのですが、日本人は右利きが多いので、ハサミを含めて片刃包丁は右利き専用となったといわれています。ただ、現在では左利き用のものも多く出回っています。左利きは製造数が少ないので割高になっているようです。他にも、陰陽五行説を中国から学び、右手を陽、左手を陰とする考えがあることから、陽の右手を使用して料理をさせたという説もあります。
日本の作法には、この陰陽と深い関わりがあるようなので、興味のある方はインターネットで「包丁・陰陽」で検索してみてください。いろいろな考えを学ぶことができますよ。

Q 一般家庭では、三徳包丁を持っていれば出刃包丁や牛刀は必要ありませんか？

A. 魚と野菜を食べる日本の食文化の中で使われてきた片刃の出刃包丁と、両刃の菜切り包丁。肉を食べる西洋文化の中で使われてきた牛刀。これらのいいとこ取りをしたのが三徳包丁なので、三徳包丁があれば十分です。肉も魚も野菜も切れる3つのワザがあることで、三徳の名がついたといわれています。大きな肉の塊を切ることがなければ、三徳包丁でこと足りるでしょう。

Q 出刃包丁、菜切り包丁も持っているのですが、三徳包丁と同じように研いでよいですか？

A. 菜切り包丁の刃先はA面B面あわせて6度〜10度の両刃なので、片面3度〜5度ずつ鋭角にして研いでください。出刃、柳刃と薄刃包丁（プロ用の菜切り包丁）は通常A面の片刃なので、A面の鎬から刃先の面を研ぎ、B面にカエリが出たら、B面の刃先から峰まで全面を平らな中砥石にピタリとつけてカエリを除去します。

第四章

砥《と》石《いし》の種類と選び方

包丁研ぎに欠かせない砥石。昔は茶色の土鍋のような素材でできた分厚い砥石が主流でしたが、現在は薄くてかたいもの、金物ヤスリのような素材のものまで種類もさまざま。一体、自分はどの砥石を使えばよいのだろう……この章ではそんなお悩みを解消！

素材、種類、自分に合った砥石の選び方、お手入れ方法も紹介します。

砥《と》石《いし》の種類【素材編】

素材によって研ぎ心地が違います。砥石が家にある方はチェックしてみてください♪

天然砥石

山から切り出された天然の砥《と》石《いし》です。希少価値が高まり、値段も高価なため、主に和食職人などが鋼《はがね》包丁を研ぐのに使用しています。

人造砥石

土鍋のような素材の 一般砥《と》石《いし》

（非加熱&吸水性）

昭和の中期から製造されている、研ぎの粉を型にいれて日干し（又は200℃程度の窯で乾燥）でかためた土鍋のような素材の砥石です。使用前に砥石が飽和状態になるまで水に浸ける必要があります。水を吸う砥石はやわらかく、研ぎ心地が穏やかなため、鋼《はがね》の包丁を愛用し、毎日包丁を研いでいるプロが好んで使用しています。乾かすのに時間がかかるので、一般的というよりは少し使用頻度が高い方向け。プロは毎日仕事が終わったら研ぐので、完全に乾く暇がありません。

水に浸すと気泡がぷくぷくと出てきます。気泡が出てこなくなったら十分水を吸ったサイン。

茶碗のような素材の
セラミック砥《と》石《いし》（非吸水性）

平成になってから砥石の粉を高い圧力でかため、その後高温で焼いた、茶碗のような素材の砥石が販売されはじめました。これは茶碗と同じ素材なので、使用前に水に浸すことをしなくても使用することができ、通称セラミック砥石と呼ばれています。セラミック砥石は一般砥石よりもかたいので、素材がかたいステンレス製やハイス鋼（ハイスピードスチール）・V金10号製の包丁でもガンガン研ぐことができます。水をあまり吸わないので乾燥も簡単です。家庭用に向いているので、私の講座ではこの砥石を使用しています。

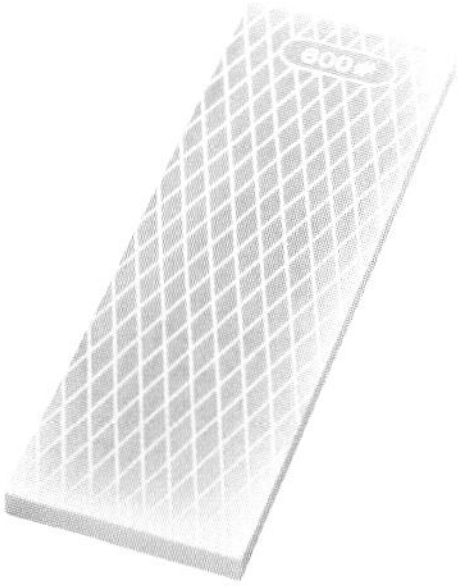

金物ヤスリのような
ダイヤモンド砥《と》石《いし》（非吸水性）

人工ダイヤモンド粉を鉄板に電着させてつくった、金物ヤスリのような砥石です。セラミック製やステンレス製、ハイス鋼・V金10号製などのものすごくかたい包丁を研ぐときに使います。刃付きが早く、砥石としての寿命も長いのが特徴で、一般砥石、セラミック砥石のへこみを整えるためにも使えるので1つあると便利です。水は吸いませんが、研いだときの研ぎカスが飛散しないよう、水を砥石にかけながら使用します。

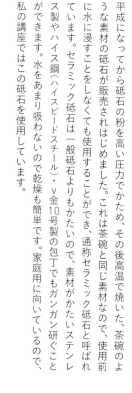

砥《と》石《いし》の種類【用途編】

数値が小さい＝目が粗い

砥石の目の粗さは番手（数字）で表記されています。目が粗いほど研いだときに包丁が大きく削れ、目が細かいほど繊細に研ぐことができます。

荒《あら》砥《と》石《いし》

すり減った刃先の刃付け、刃形を削る用

（普段包丁を研いだことがない方が初めて削るときに使用）

刃こぼれや刃形を削り出すために使います。包丁が切れなくなって、初めて研ぐという方はこの荒砥石から使うのがオススメです。一度この荒砥石で刃付けが終わったら、日頃のお手入れは中砥石だけでOKです。

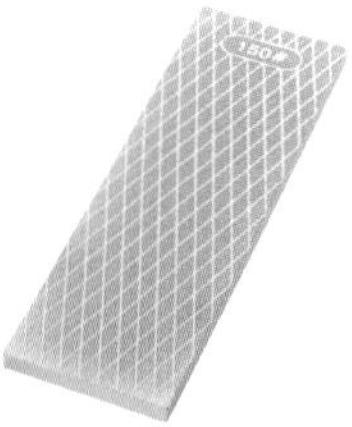

ダイヤモンド砥石の#150

刃こぼれを直したり、減りすぎた刃先の刃付け、中砥石のへこみ修復用。

セラミック砥石の#320

裏面

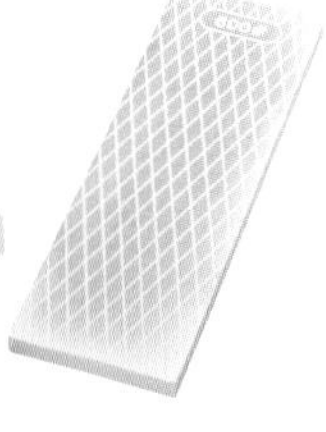

ダイヤモンド砥石の#600

初めて包丁を研ぐ方はこちらを使用。

裏表使えるので便利。研ぐときは#600、中砥石のへこみを整えるために#150が使えるので、これから砥石を購入する方は、このダイヤモンド砥石を購入するのがオススメ！

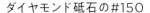

数値が大きい＝目が細かい

仕《し》上《あ》げ砥《と》石《いし》

さらに切れ味を求めたい方用

（普段はそんなに使用しなくてもよい）

目がきめ細かく、さらに鋭い刃先にするために使います。日頃の手入れは中砥石だけでよいのですが、さらに切れ味を求めたいという方は＃3000、＃5000と目の細かい仕上げ砥石を使ってください。

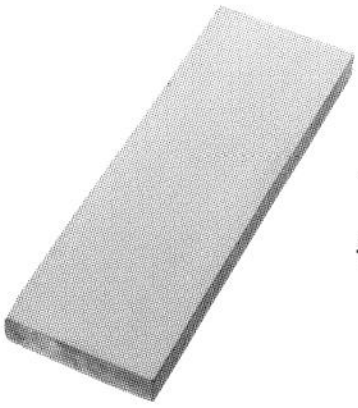

セラミック砥石の#5000

中《なか》砥《と》石《いし》

日頃のお手入れ用

（切れ味が悪くなったら2～3週間に1度使用）

荒砥石で刃を付けたら、中砥石でその刃先を鋭く、滑らかに整えていきます。包丁が切れなくなったなと感じたら、2～3週間に1度、この中砥石で研いであげるとよいでしょう。

一般砥石の#1000

セラミック砥石の#1000

ダイヤモンド砥石の#1000

普段使いするなら、お手入れが簡単なセラミック砥石がオススメ！
サイズはタテ20×ヨコ7cm程度が使いやすいです。

POINT

鋭い刃先に仕上げたいときは、砥石の粗さが2倍程度になる順で使いましょう。
例えば、荒砥石#500→中砥石#1000→仕上げ砥石#3000程度、その次は#5000～#6000など。
#1000→#5000というように、番手をいっきに飛ばないようにしてください。

お悩み別！
自分に合った砥石の選び方

荒砥石、中砥石、仕上げ砥石、どれを使ったらいいのかわからない方は、このページを参考にしてください。

MEMO　砥石の素材の選び方

包丁の素材	オススメの素材
鋼	一般砥石、セラミック砥石、ダイヤモンド砥石
ステンレス、ハイス鋼・V金10号（高硬度金属）	セラミック砥石、ダイヤモンド砥石
セラミック	ダイヤモンド砥石

初めて
包丁を研ぎます！

荒砥石＋中砥石
（#600）

荒砥石で刃先の形を整えてから、中砥石でさらに切れる包丁にしていきましょう。

※初心者の方は、P.25の商品を参考にしてください。

以前研いだのに
また切れ味が
悪くなってきた！

中砥石

中砥石で研げば切れ味は戻ります。
2～3週間に一度は研ぐとよいでしょう。

刃が少し欠けてしまった

欠けてしまった
包丁については、
P.91も参照

荒砥石（#150）＋中砥石

多少の欠けなら荒砥石で刃先の形を整えてから、中砥石でさらに切れる包丁にするのがオススメです。

新しい包丁を購入したのですが、切れません！

中砥石

新品なのに切れないという人の包丁は、刃が十分に付いていない可能性があります。よいものになればなるほど、購入した方が自分好みの刃に研げるようにしてあり、またお店側も、商品が欠けて売り物にならなくなることを避けるため、あらかじめ刃先を研ぎすぎないようにしているのです。その場合は、中砥石で刃を自分好みに削り、切れる包丁にするとよいでしょう。

長年研ぎ続けて刃が減ってきました

荒砥石（#150）

長年研いでいる包丁は、新品時とは厚みが変わってきている可能性があるので、「研ぎおろし」という作業をする必要があります。

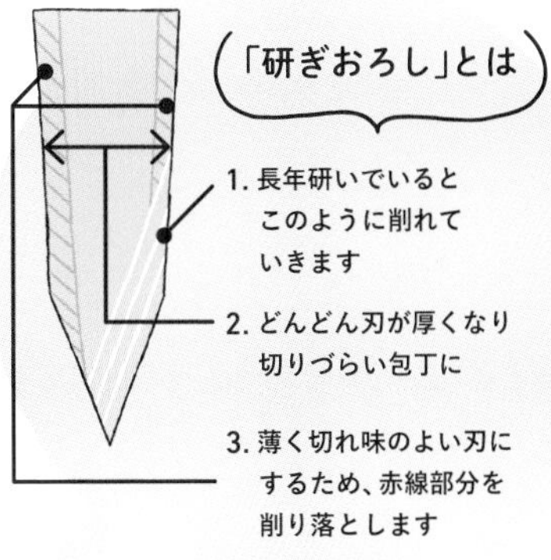
「研ぎおろし」とは
1. 長年研いでいると
このように削れて
いきます
2. どんどん刃が厚くなり
切りづらい包丁に
3. 薄く切れ味のよい刃に
するため、赤線部分を
削り落とします

砥石のお手入れ方法

砥石で一番重要なことは平面を保つことです。私の講座に参加される方がお持ちになるほとんどの砥石は、中央部が削られてへこんでいます。これでは切れる刃先を付けるのは難しいので、砥石を日頃から平らに削る必要があります。砥石屋さんに聞いたところ、削るための砥石は、削りたい砥石と同じもの(素材)が一番よいそうですが、包丁研ぎを専門にしていないのに同じ砥石を2個持つというのは、金銭的にももったいないですよね。なので私の講座では別の砥石で削る方法を紹介しています。

削り方

一般砥石

比較的材質がやわらかいので、コンクリートブロックや耐水紙ヤスリの#40か#60で削ることができます。砥石全面に鉛筆で格子状に線を引いて、その面を削ります。一番へこんでいる部分の線が消えたら平面が確保されたことになります。

用意するもの

- 削りたい一般砥石
- ブロック又は耐水紙ヤスリ(#40か#60)
- 鉛筆

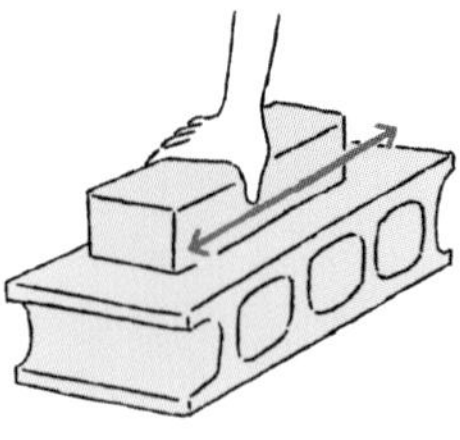

1. コンクリートブロックか耐水紙ヤスリを平らなところに敷き、その上に変形した砥石面を当ててこすれば高いところから削れて平らになります。
2. へこみ部分を修正した砥石は角が鋭角になり、手を切ってしまう可能性もあるため、角を落とす必要があります。紙ヤスリ、又はブロックに四方全体の角をあて、角を丸く削りましょう。左ページのセラミック砥石と同様に、ダイヤモンド砥石で削ることも可能です。

セラミック砥石

セラミック砥石はかたいですが、ダイヤモンド砥石の#150程度の砥石で削ることができます。へこんでいる面に鉛筆で格子状に線を引いて、その面を削ります。一番へこんでいる部分の線が消えたら平面が確保されたことになります。

用意するもの

・削りたいセラミック砥石　・ダイヤモンド砥石#150（削る用）　・すべり止めシート　・鉛筆

1. 鉛筆で線を描く

セラミック砥石全体に線を描きます。まっすぐなダイヤモンド砥石で削り、この線をすべて消すことができれば平面になったという目安になります。

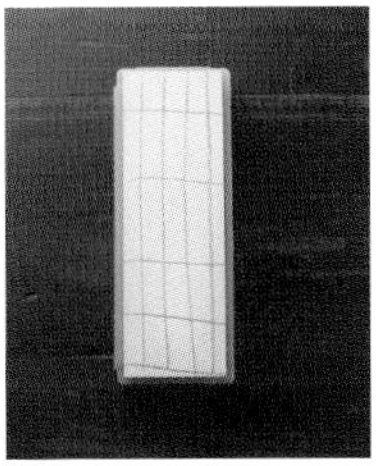

2. 砥石を水で濡らす

流しにすべり止めシートを敷いて曲がったセラミック砥石を置き、水で濡らします。

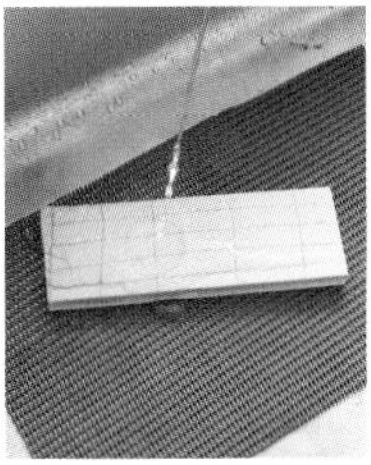

3. ダイヤモンド砥石で削る

水は流した状態のまま、ダイヤモンド砥石の#150側を下に向けてセラミック砥石に重ね、ダイヤモンド砥石を前後に動かしてこすります。

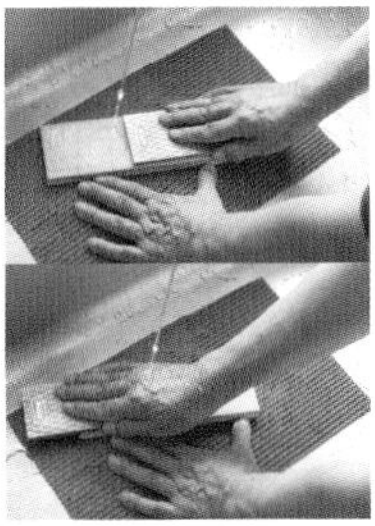

4. 線が消えていればOK

鉛筆で描いた線が消えていればへこみがなくなった証です。

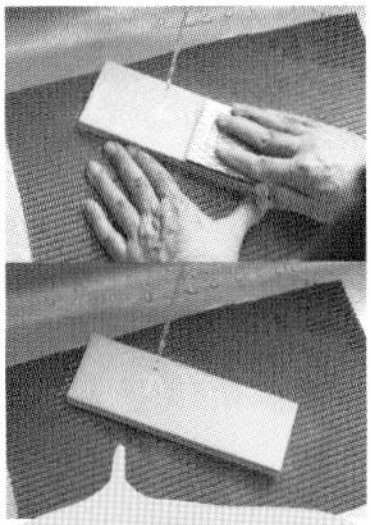

5. 角を落とす

へこみ部分を修正した砥石は角が鋭角になり、手を切ってしまう可能性もあるため、角を落とす必要があります。ダイヤモンド砥石でセラミック砥石の四方全体の角を丸く削りましょう。

へこみがなくなっているかは、ダイヤモンド砥石の横面を垂直に合わせてみるとよくわかります。このように、隙間ができなければまっすぐになった証！

※ダイヤモンド砥石はすり減ることはありませんが、削れなくなったら寿命です。

乾かし方

一般砥石

一般砥石は水分を吸う材質なので、乾かすのも時間がかかります。さっと水洗いしてタオルで水けを拭き取り、写真のように下側にも隙間をつくって風通しのよい日陰で1日干します。

芯まで乾くには時間がかかるので、新聞紙で包んで保管してもよいです。

セラミック砥石とダイヤモンド砥石

さっと水洗いしてタオルで水けを拭き取り、下側に隙間をつくって表面が乾くまで干します。

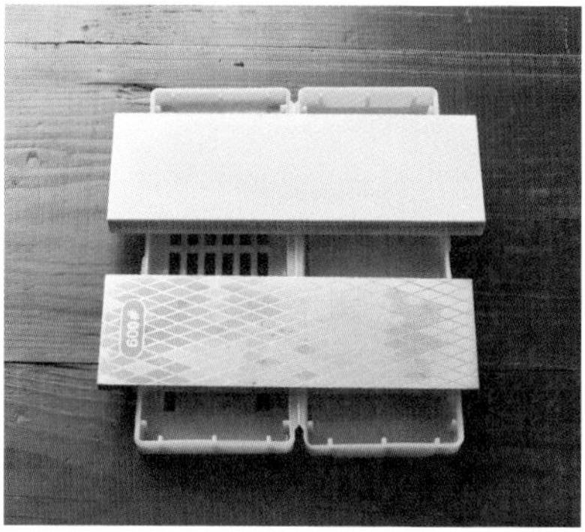

砥石を凹ませないようにするには

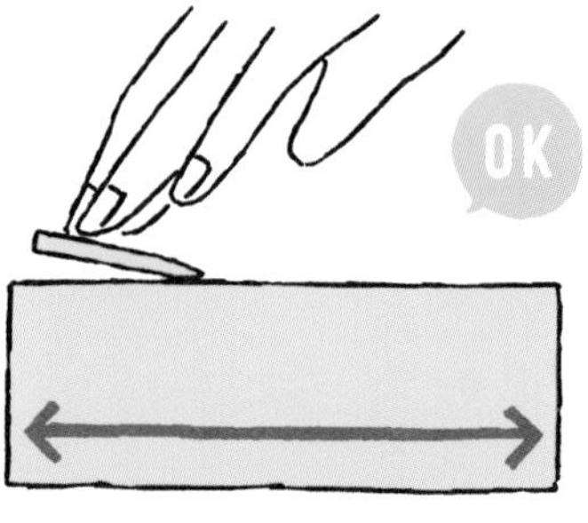
OK

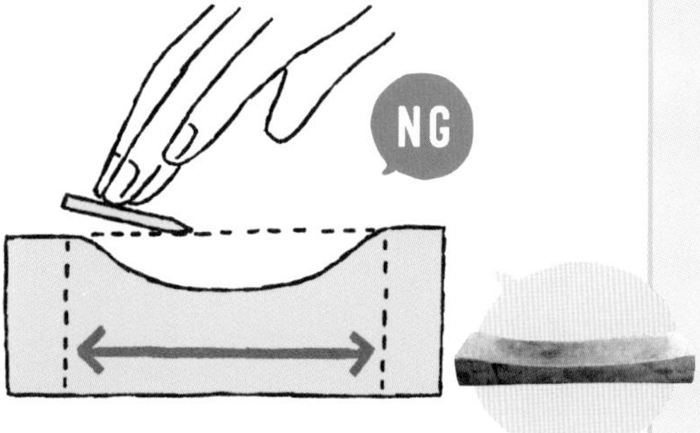
NG

- 普段から端から端まで全面を使って研ぐことを意識する
- 「一般砥石」は材質が比較的やわらかく減りが早いので、2〜3週間に一度砥石を平らに削る
- または、包丁を3回研いだら一度、セラミック砥石なら6回研いだら一度の割合で平らに削る作業を行うと◎

第五章

包丁の
お手入れ方法

今使っている包丁の表面はきれいですか？
食材のカスなどが付着し、それが蓄積してしまっている包丁をよく見かけます。味が出てきたとプラスに考える方もいますが、実は雑菌まみれです。包丁には菌が付きやすく、そこから食中毒になってしまうことも。そうならないために、日々のお手入れ方法と、料理をつくるときに注意すべき心得を覚えておくことが大切です。

菌が付着した包丁で毎日料理していませんか？

包丁のお手入れには、**「刃先を研いで切れ味を保つこと」**と、**「包丁の表面に付着した食材のカスなどの汚れを落とし、素材（包丁表面）の地肌を保つこと」**の2つがあります。包丁の**表面に汚れがある＝そこに菌が宿っている**と思ってください。汚れている包丁でものを切ることは、**表面の汚れを食材に散らす**ことになり、とても不潔な作業なのです。また、みなさんが外食をする際、レストランのフォークやナイフが汚なかったら、どうしますか？　取り替えてもらうのではないでしょうか。しかし**ご自分の包丁**になるとどうでしょう。**意外と寛大**な方がいるなと感じるのです。

洗剤で洗っても落ちない汚れをあきらめてしまっている方も多いですが、実はクレンザーとワインのコルクを使えば、案外簡単に落とせるものなのです。では、そのやり方を説明します。

包丁の磨き方

★ コルクを使えば手が汚れない
★ スパークリングワインなどの発泡系のコルクの方が頭が大きく、磨きやすい
★ スポンジで磨くと力が入らず、手を切ってしまう恐れも

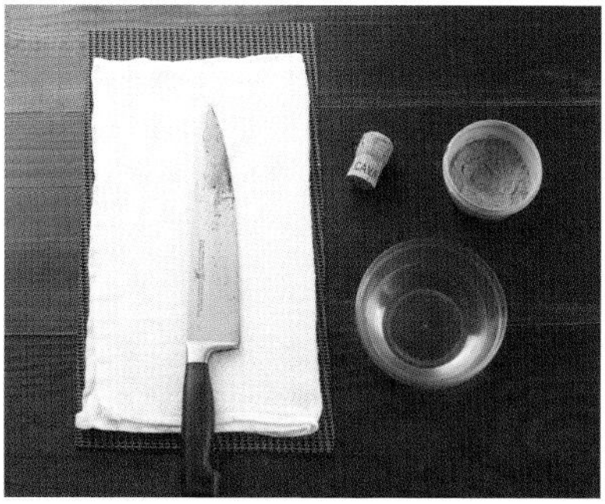

用意するもの

- 磨きたい包丁
- クレンザー
- ワイン(発泡系)のコルク
- 水
- タオル
- すべり止めシート

1. コルクを水で濡ぬらす

コルクの先端をさっと水で濡らします。

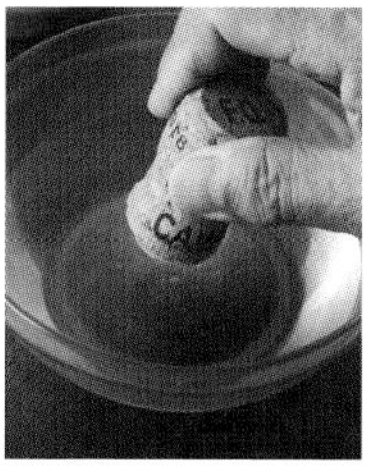

▶

2. クレンザーを少量つける

濡らした部分にクレンザーを少量つけます。写真くらいの量で十分です。

3. 汚れた部分をコルクでこする

コルクをくるくると回転させながら包丁の表面をすべらせます。大きく動かしながら包丁全体をくるくると磨きましょう。

▶

4. 反対側も同様に磨く

裏返して反対側も同様に磨きましょう。

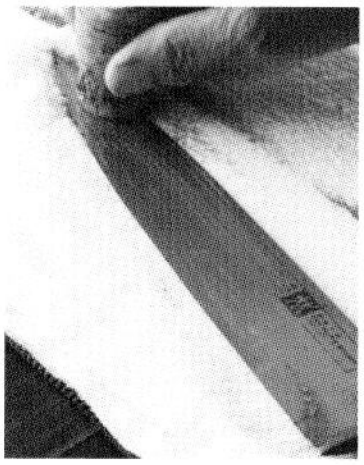

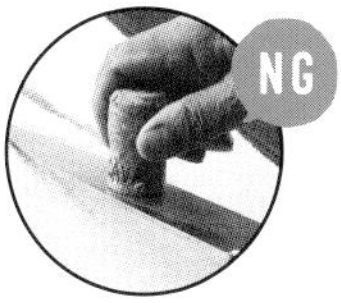

包丁を浮かせてしまうと曲がってしまう原因になるので、平らな面に置いて磨きましょう。

5. 洗剤をつけて水で洗い流す

スポンジに洗剤をつけ、水できれいに洗い流します。

▶

6. 柄の部分の汚れも落とす

忘れがちなのが柄の部分。こちらも手アカや菌が付着しているのできれいに洗いましょう。

サビの落とし方

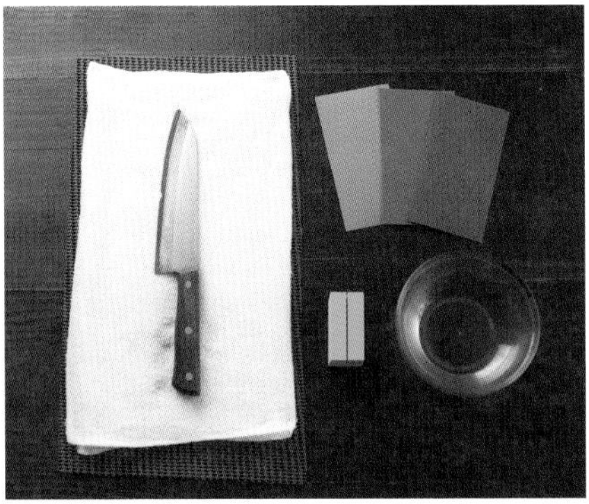

用意するもの

- 磨きたい包丁
- 耐水紙ヤスリ（#400　#1000　#3000）
- 研磨用ブロック
- 輪ゴム
- 水
- タオル
- すべり止めシート

紙ヤスリの番手の選び方

#400 …………………………　荒削り用でざっと汚れ取り

#1000（または#1500） ……　#400で付いた傷を
#1000で取って表面を滑らかに

#3000（または#2000）……　さらに滑らかに

軽いサビならクレンザーとコルクで落とすことができますが、頑固なサビは耐水紙ヤスリと研磨用ブロックを用いて落とします。紙ヤスリの番手は、#400から荒削りを開始し、次に#1000、#3000と目の細かい耐水ペーパーに交換しながら磨いてください。

汚れ＋サビの場合は、
先に紙ヤスリでサビを
落としてからクレンザーで
磨いて汚れを取ります。

刃こぼれは、荒砥石
（最初は#150、その後#600）で削り、
刃付けをすれば直ります

1. #400のヤスリを研磨用ブロックに巻く

耐水紙ヤスリを研磨用ブロックに巻き付け、外れてしまわないように輪ゴムなどで固定します。

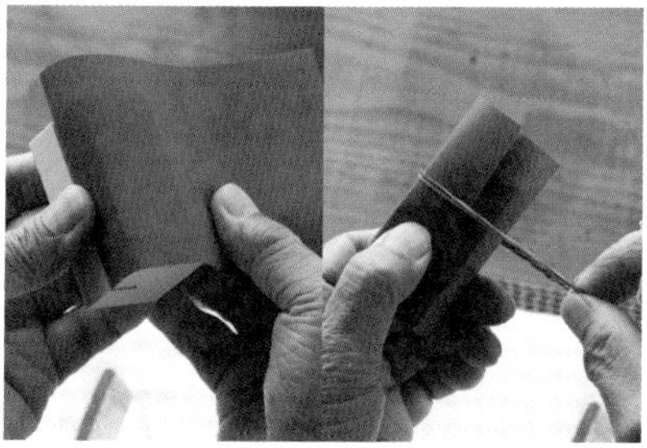

2.水をつける

汚れを浮き上がらせるために、少量の水をつけます。

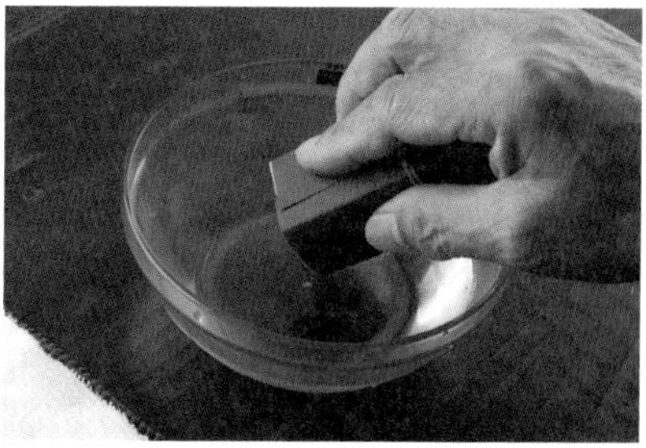

3. サビを軽く磨く

サビの部分にヤスリをあてて、こするようにしながら軽くサビを削っていきます。

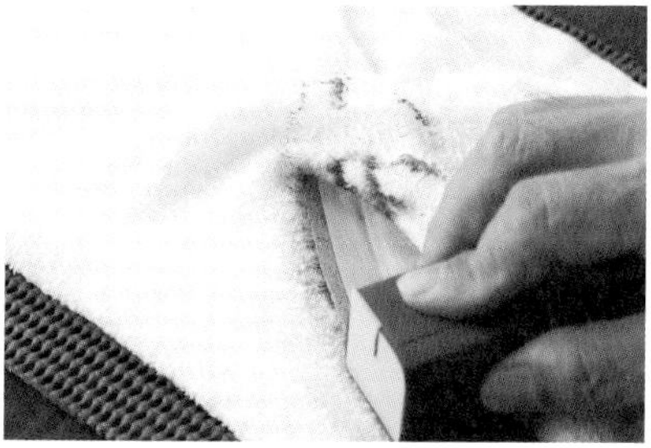

4. 刃先は包丁を浮かせて磨く

刃先や、切っ先などの端の部分を磨く際は、ヤスリとタオルがこすれて磨きにくいため、固定できる台などにのせて磨くとスムーズです。

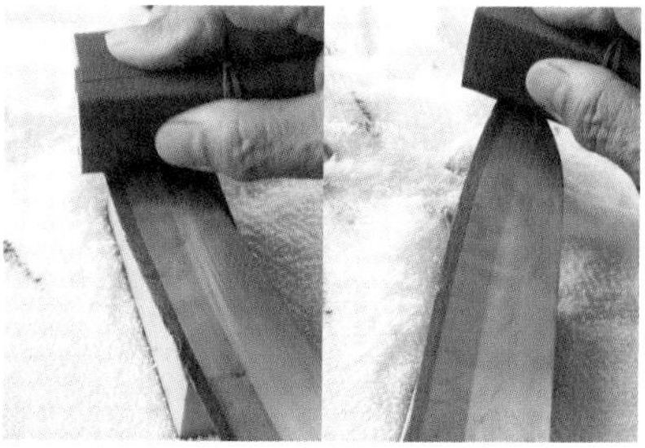

5. #1000で磨く

#400で付いた傷を滑らかにするイメージで全体をこすります。

6. #3000で磨く

全体がさらに滑らかになるように、
磨き上げます。

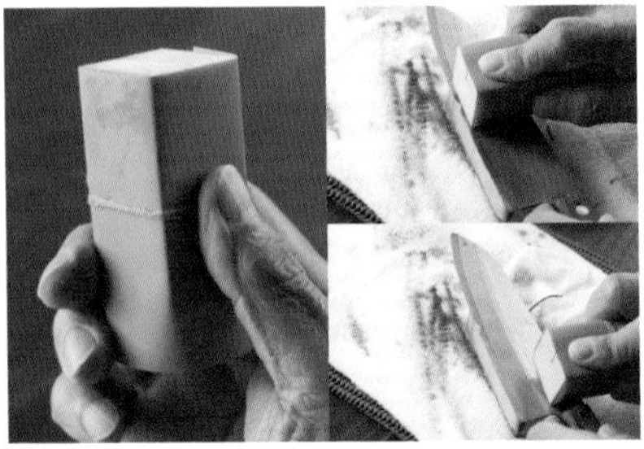

7. P.79の要領で包丁を磨く

コルクにクレンザーをつけて磨きます。

8. 洗剤をつけて洗い、水で洗い流す

スポンジに洗剤をつけ、水できれいに洗い流します。柄の部分にも手アカや菌が付着しているので
きれいに洗いましょう。

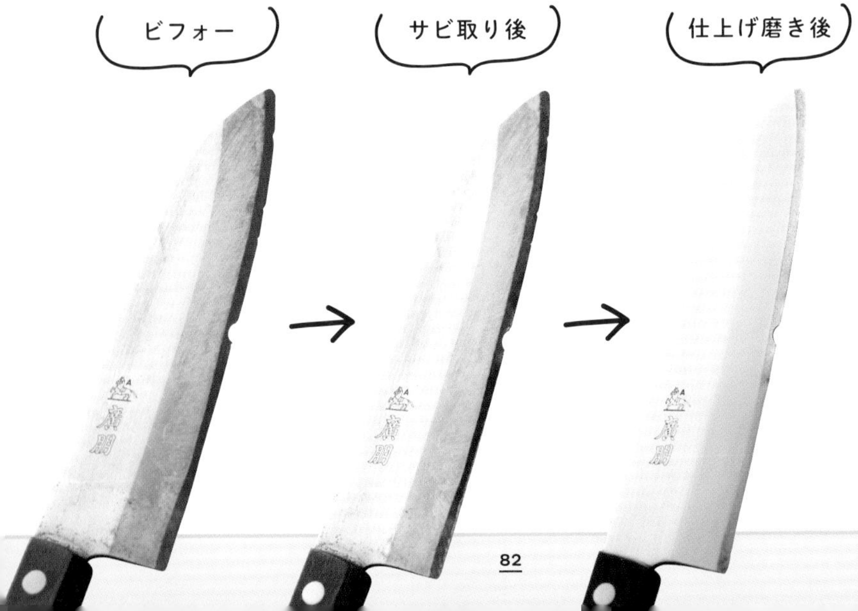

サビないように保管する方法

鋼《はがね》製の包丁はサビやすいので、酸化させないように
① 濡れたら乾いた布巾で水けを除去する。
② 長期保管するときには空気と接触を防ぐため、
刃物専用のつばき油や香りの少ない植物油を金属部分に塗る。

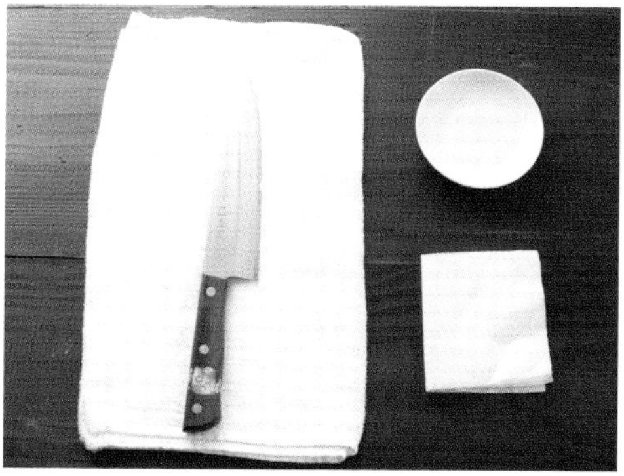

用意するもの

- 乾いたタオル
- サラダ油
- ティッシュ
- 保管したい包丁
- タオル

オリーブオイル、ごま油などは、
包丁にニオイも付着してしまうので、
サラダ油がオススメ

1. ティッシュを折りたたみ、油を含ませる

ティッシュは小さく折りたたみ、油を適量含ませます。

2.「平」部分に油を塗る

包丁の「平」＝金属の部分に油を塗ります。

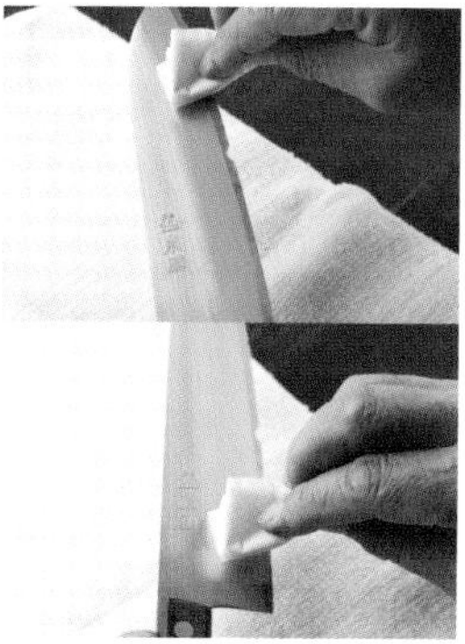

3. 刃先にも塗る

刃先にもしっかりと塗ります。その際、手を切らないように注意しましょう。

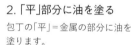

全体に油膜ができたら完了！

COLUMN 4

料理をつくる前に覚えておきたい心得

料理に包丁は欠かせません。
なので、私の講座では研ぎ方だけでなく、
料理をするときの心得も生徒さんに教えています。
刃物を持つときの注意、衛生面での心得は
料理をおいしくつくるための第一歩です。

私は外食産業で28～60歳まで働いていましたが、
その間、絶対遵守していたのが食の安全です。

1

食中毒を発生させる菌の種類を知る

2

食中毒予防の3原則
「菌をつけない、菌を増やさない、菌をやっつける」

3

火事を出さない

この3つは、包丁やまな板、布巾などの
調理道具を使うときに意識したい重要なことなので、
みなさんもぜひ覚えてください。

1

食中毒を発生させる菌の種類を知る

私たちの生活に潜む食中毒菌の種類はさまざま。菌の種類、発生させてしまう原因なども知っておきましょう。

黄色ブドウ球菌

人間や動物の皮膚、傷口に潜む菌。手に傷や、手荒れがある状態で包丁や食材を触ると、食べ物に菌が移り、嘔吐、下痢などの症状を引き起こします。

サルモネラ菌

人間、牛、豚、鶏、ねずみ、犬、猫など、幅広く生息している菌。調理する人の手や、調理道具から感染することが多く、熱、嘔吐、下痢などの症状を引き起こします。賞味期限を過ぎた生卵にも要注意。

大腸菌

人間や、動物の腸内に存在する菌。加熱が不十分な肉を食べる、汚染された包丁、まな板、布巾などからの感染、感染者の便や、プールなどにおける二次感染などがあり、熱、嘔吐、下痢などの症状を引き起こします。

ボツリヌス菌

パッケージの破損したソーセージ、ハムなどの真空パック食品、缶詰、瓶詰などで増殖する菌。自家製食品によって起きることが多く、嘔吐、筋力低下などの症状を引き起こします。1歳未満の乳児にハチミツを食べさせると死に至る場合もある乳児ボツリヌス症にも注意。

ウイルス系

ノロウイルス

カキなどの貝類によるものや、調理をする人の手や調理器具の汚染が原因で食べ物がノロウイルスに感染するほか、感染者の下痢、嘔吐物に触れることでも感染します。あたってしまうと急性胃腸炎を引き起こすウイルスで、腹痛、嘔吐、下痢などの症状をともないます。

O《オー》157

牛、羊、豚などの家畜の大腸に生息していて、汚染された水や食物から感染し、腹痛、下痢などの症状を引き起こします。感染者からの二次感染も多いため注意。

2

食中毒予防の3原則「菌をつけない、菌を増やさない、菌をやっつける」

食中毒を発生させないための3原則をぜひご家庭でも実践してみてください。

菌をつけない

菌は、手や包丁やまな板などの調理器具から感染することが多いので、菌をつけないことが大切です。寿司屋の板前さんの仕事を見てみてください。まぐろ、いか、たいなど、切る食材が変わるごとに包丁の刃と柄、まな板と手を布巾で拭いています。ある寿司職人曰く、「お宅のいかはまぐろの味がする！」と言われたら、“半端職人”のレッテルを貼られてしまう。これは味も香りも菌もあちこちに散らさない基本の作業なんだそう。
また、手で触れる場所で盲点なのは、冷蔵庫の引手の裏側。ご自宅の冷蔵庫や食器棚の引手の裏側もぜひこれを機に見てみてください。様々な人の手が触れる場所は菌が多く生息するので、清潔に保つように心掛けましょう。

菌を増やさない

菌は一定以上増えると身体の抵抗力より強くなり、発熱や下痢などを誘発します。菌が増える環境は「温かく、栄養分が多く、水分を含み、時間が経過した状態」で、このすべての条件がそろったときに異常な速さで増殖します。その中で私たちにできることは、温度と時間の管理。温度は「7℃以下の冷蔵庫に保管」、時間は「消費期限を守る」この2点がとっても大切です。
飲食店で業務用の冷蔵庫に保管するときは、入庫日時と消費期限を記入して時間管理をしています。家庭の冷蔵庫でも、最低限調理した日時を明記して保存するとよいでしょう。

切れる包丁なら、菌の繁殖も防げる！

切れない包丁を使うと、必要以上に力を使ったり、何度も何度も包丁を動かすため、まな板が傷付きやすくなり、傷の隙間に菌が繁殖する原因に。切れる包丁ならまな板を傷付けず、菌の繁殖をおさえます。

菌をやっつける

殺菌の方法は3つあります。

1. 72℃以上で1分以上加熱をする

※ボツリヌス菌の毒素は80℃30分の加熱で失活

料理は加熱がオススメです。布巾は使用前に水に濡らしてかたく絞り、電子レンジで1～2分加熱すると殺菌ができます。

2. アルコール、塩素系漂白剤などの薬品でやっつける

道具は加熱をすると歪む可能性があり、特に包丁は熱湯を嫌うので、アルコールなど薬品での除菌がオススメです。包丁は、片面に熱湯をかけると、その箇所の温度が急激に上昇し、膨張して他の場所との温度差で歪んでしまいます。バターやケーキを切るとき、包丁を熱することがありますが、その場合は包丁をあぶったり、熱湯をかけるのではなく、お湯に包丁を浸すようにして全体を温めましょう。

また、プラスチック系のまな板も熱湯をかけると歪むので、常温で殺菌ができる塩素系漂白剤で消毒するとよいでしょう。

3. 殺菌灯などを活用する

紫外線殺菌ランプで照射して殺菌する方法です。一般家庭にはなかなかありませんが、包丁差し、おしぼりを保温&殺菌するものもあります。

注意：包丁は柄にも雑菌が繁殖しやすいです。食器洗浄機で洗ってしまうと、柄がサビて開きますので、プラスチックや木製の柄の場合は、この部分を水の中につけないよう注意してください。柄を含めて金属一体型の包丁であれば問題はありません。

3

火事を出さない

私は3度の火災を体験しています。そこで感じたことは、すぐに使えるように身近に消火器を置くべきだということです。楽しい料理が、事故につながっては元も子もありません。今は子供でも使用できる殺虫剤のような大きさの消火具も販売されているので、いざというときのために、用意しておくことをオススメします。

そして、消火器にも交換するタイミングがあるので、消防訓練とは言わずとも、交換の際にトイレや風呂場などで、古い消火器を噴射してみてください。当たり前のことですが、体で覚えたことはいざという時に役立ちます。

スプレー式 簡易消火具

キッチンに1つ置いておくと安心です。

COLUMN 5

お悩み・疑問 Q&A

Q

三徳包丁を購入したいのですが、
素材は鋼《はがね》、ステンレス、セラミック
どれを選んだらよいのでしょうか。
オススメを教えてください

A. 各々素材の特徴がありますので、何を優先するかは以下を参考に選んで決めてください。

1. 刃先となる真ん中の金属が"切れる鋼《はがね》"で、両脇を"サビにくいステンレス"などで挟んだ、あわせ鋼《こう》&型抜きで製造された包丁は、よく切れて手入れが簡単です。
2. オール鋼の鍛造造《たんぞうづく》り(高価なものです)は切れ味が鋭いので、和食の職人などは毎日手入れをして食材を切っています。鉄はサビやすいので、家庭で管理するのは難しいと思います。
3. オールステンレスはサビにくいのですが、鋼と比べると少し切れ味が劣ります。ただ、家庭で使用するのには問題がない切れ味でしょう。
4. セラミック包丁は材質がかたいので、刃先が割れやすい傾向があり研ぎも難しいです。
5. 最近は切れ味を長持ちさせたりすり減りを軽減するために、よりかたい金属(ハイス鋼、V金10号などの金属を削ることができる金属)で造られた包丁もあります。色々な金属が使用されていますので、包丁専門店で自分の要望と予算を言って聞くとよいでしょう。

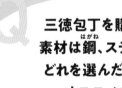

研いではいけない包丁はありますか？

A. 包丁の素材と砥石の素材が適合していれば、通常の包丁は研ぐことができます。そば切り包丁のような特種包丁は専門店に頼んだ方がよいでしょう。材質的にはセラミック包丁は特別にかたい、ダイヤモンド砥石でないと研ぐことができません。また割れやすいので力の加減が難しい素材です。

ステンレス包丁はどの砥石で研げばよいですか？

A. セラミック砥石、ダイヤモンド砥石がオススメです。基本的には鋼の包丁もステンレスの包丁も同じ研ぎ方をしますが、一般的にステンレスの方が鋼よりもかたいので、鋼用の砥石でなくステンレス包丁用の砥石を使用する必要があります（砥石の素材と包丁の素材の相性についてはP.72も参考にしてください）。

切れすぎる包丁は危なくないですか？

A. もちろん刃に触ると手を切ってしまいますので、注意は必要ですが、切れる包丁は食材を切るのに力を必要としませんので、自分の思い通りに食材を切ることができます。逆に切れない包丁の方が力を入れて切るので、もしすべったときに大きなケガをすることがあり危険です。また、まな板も傷だらけになり、食中毒の原因にもなります。

包丁は、どの程度の価格のものを買えばよいですか？

A. 販売価格が3000円以上ならとりあえず使用は可能でしょう。5000円以上なら家庭用として十分かつ安心だと思います。1万円以上となるとプロが使用する範疇になり、包丁の素材によって価格も変わります。その場合は、価格よりも自分にとって手入れのしやすい素材かどうかで判断するのでもよいと思います。

包丁の寿命はどのくらいでしょうか？

A. 鋼やステンレスの単一素材の包丁なら、三徳包丁がペティナイフの大きさになるまで研いでも使用ができます。芯材が鋼で、周囲がステンレスの合わせ包丁なら、芯材が無くなるまでです。包丁の途中に空気抜きのある穴あき包丁は、その穴のある寸前まで、研いだら寿命となります。

3万円もする高価な包丁を買ったのにまったく切れません……。騙されたのでしょうか？

A. プロの料理人が購入するような包丁専門店で販売されている包丁は、実は刃先が完全には研がれておらず、8割程度の刃先になっているものがほとんど。なので、その包丁も刃が付いていないだけかもしれません。残りの2割は、包丁を購入した料理人が自分の使いやすい刃先に研げるよう残してあるのです。
またお店側も、完全に仕上げた刃で運搬・保管しておくと、何かにあたって刃こぼれを起こしてしまった場合、商品価値が下がってしまうため、完全に刃付けをしていない場合があります。
お店で購入したときは、購入先のお店で刃を付けてもらうことができます。インターネットなどで購入した場合は、工場出荷状態の刃先になっているものが多いので中砥石を使って研ぎ直しましょう。

プロの職人は夜包丁を研ぐと聞きますがなぜですか？

A. 毎日、仕事が終わってから研ぐからです。包丁の切れ味を維持するために、毎日仕事が終了した最後の作業として包丁を研いでいます。
研いだ直後の包丁は、鉄の臭いが発生し、それが食材に移ってしまうため、しばらく放置するか、水に浸ける必要があります。なので、調理が終わった夜に研ぐことが多いのだと思います。

柄がボロボロになってしまった場合、どうしたらよいでしょうか

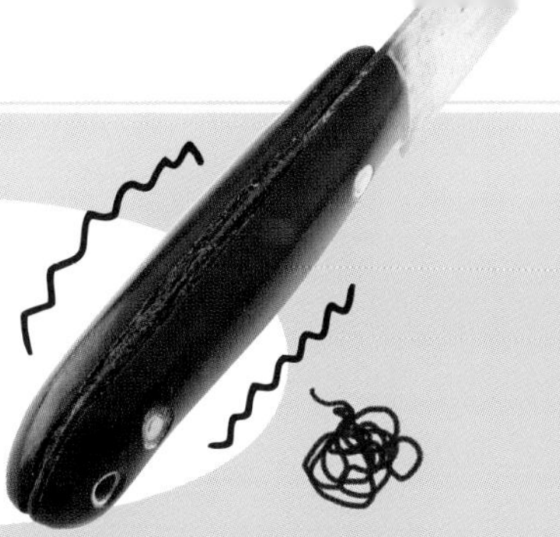

A. 和包丁のように柄に刃を差し込んであるものは柄の交換が可能です。アマゾンでも木製の柄が購入できます。またこの写真のように包丁をプラスチックや木などで挟んでいる柄の包丁を食器洗浄機で洗うと、洗浄水が包丁の鉄と柄の接合部に浸入して、サビを発生させます。そのサビが膨らむと柄が割れてしまいます。これは末期症状で修理代は包丁を購入するよりも高くなります。

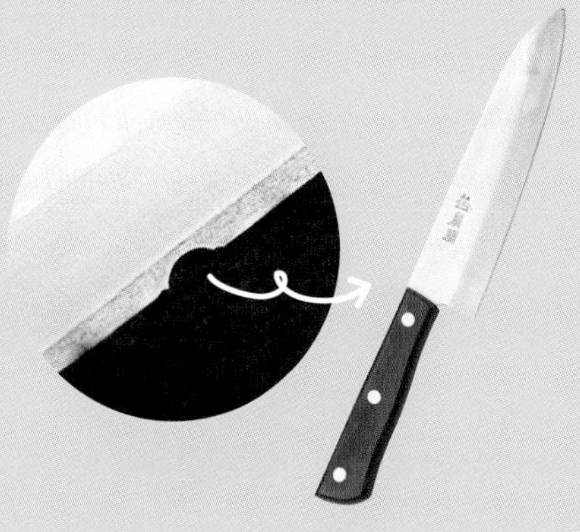

刃が欠けてしまったのですが、自分で直せますか？

A. 小さな欠けであれば、荒砥石で削れば直ります。この写真のように大きく欠けてしまっている場合は、荒砥石#150や電動の研ぎ機などで金属を大量に削ります。ご自身の砥石で修正する場合はかなり時間がかかると思いますが根気よく研げば、直すことはできます。

シャープナー(簡易包丁研ぎ器)で切れなくなってしまった包丁も復活しますか？

A. シャープナーで長期的に研いだ包丁は、包丁の形が変形している場合があり、その変形具合にもよりますが、復活はします。まず、変形してしまった部分を荒砥石#150で直し、中砥石で刃付けをすれば包丁本来の切れ味に戻すことができます。

この汚れはもう
あきらめた方がよいでしょうか

ビフォー

A. サビによる変色も見られますが、P.78～82を参考にしながら一度磨いてみてください。「これは経年変化によるものだからしょうがない」と感じているものでも、実際はピカピカになることの方が多いものです。

アフター

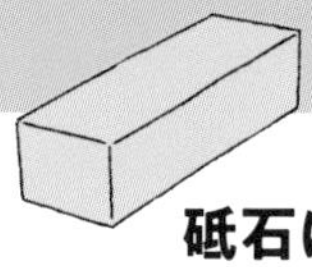

砥石は何年使えますか？

A. 砥石の素材と研ぐ頻度によって減る早さが違いますので一概には言えませんが、10年以上は使用できると思います。

NG

ただし、写真のようにへこんだままの砥石は使わないでください！ へこんでしまった場合は、P.74～を参照しながら、へこみを修正しましょう。

Q まな板は木製と合成樹脂製、どちらがオススメですか？

A. それぞれのメリット、デメリットを参考に使いやすい方を選ぶことをオススメします。

［木製のメリット］
やわらかいので包丁の刃先には優しく、刃が傷むことが少ない。長時間使用していても疲れない。

［木製のデメリット］
やわらかいので傷付きやすく、手入れが面倒。時々黒ずむこともある（黒カビの発生のほか、中性洗剤を使用するとタンパク質との化学反応で変色しやすいそうです）。

［合成樹脂製のメリット］
表面が抗菌仕様となっているものが多く、衛生管理などの手入れは木製よりもラクで、飲食店の多くはこのタイプを使用。

［合成樹脂製のデメリット］
抗菌仕様は表面処理だけなので傷の中までは抗菌効果がない場合も。木製よりかたいため、切った瞬間包丁がまな板にはじかれ、長時間使用すると木製より疲れる。また包丁の刃が樹脂に食い込んだ状態で、包丁を無理に動かすと刃が欠けることがある。

豆知識

切れない包丁で力任せに切ると、まな板の傷は深くなります。深くなると食材カスが傷に溜まり、細菌の温床に。木製まな板を使用している魚屋さんに、お手入れ方法を聞いたところ、粗い塩でヌメリを落とし、クレンザーとタワシで水洗いをしているそう。最終的には電動かんななどで削り、平面直しが可能で新品の状態に回復させることができます。木製は材質にもよりますが、木の抗菌効果が傷の奥まで効いているそうですよ。

Q 砥石でハサミを研いでもよいですか？

A. 事務用のハサミや花切りハサミは中砥石で研ぐことができますが、包丁と違って刃と刃がかみ合ってものを切るので、究極の片刃といえます。裏側の刃先に砥石をあてて研いでしまうとハサミはまったく切れなくなってしまうので注意しましょう。

まさか私が依頼されて本を出版するなんて！

もし私が外食産業に転職していなければ、もしお客様からトンカツの衣についてお叱りをいただかなければ、もしストアカを紹介するニュースを見ていなかったら……と、たくさんの〝もし〟が重なってこの本の出版にたどり着きました。それらの出会いや機会は自分が努力したことではなく、ほとんどが流れに身を任せた結果です。人生というのはこんなものなのかもしれませんね。たまたま私は運がよかったのです。

私は定年後、毎年年間を通して5か月間ほどマレーシアでロングステイをしており、時々そこを拠点にオーストラリアのゴールドコーストなどへの旅行がてら、両国で包丁研ぎを教えています。**海外でも包丁研ぎは人気**で、中でも〝モノづくり日本〟の包丁にはとても興味を持ってくれています。「日本へ行って切れる包丁を買いたい！」という声が聞こえてくるほど、日本の包丁を高く評価してくれている方ばかりです。しかし私はそこに現実と認識の違いを感じており、「日本の家庭用包丁はよく切れるのでしょう？」との質問に正直いつもドキッとさせられます。もちろん**日本の包丁は世界一すごい**のですが、**それに見合うほど手入れをする教室や教材がなく、技術を身につけている方も少ない**、アンバランスな状態だなと日々感じているからなのかもしれません。私の講座に参加された小学校の先生も「包丁研ぎを義務教育のなかで教えたほうがよいですね！」とおっしゃっていて、それがとても印象に残っています。

私の包丁研ぎの技術は、現役時代に仕事の一部として仕方なく覚えたもので、この技術と知識は包丁業界で働いている専門家とは、比べものにならないものです。社外の方に教えること自体が恐ろしいことなのかもしれません。この本を「切れればイイのだ！」とハードルを低くしたのもそのためです。しかしこれが**多くの方が包丁研ぎに挑戦するきっかけ**になれば、私はとてもうれしいです。

結びになりますが、出版社とのコラボを企画したストアカ代表の藤本崇様、広報の飯田佳菜子様、書籍の企画を私に提案し、お世話をしてくださった株式会社ＣＣＣメディアハウスの大渕薫子様、私の落書きメモを本の内容に合わせ、文章を作成してくれた編集・ライターの望月美佳様、そしてワンマンな私を陰で支えてくれている家内にこの場を借りて御礼申し上げます。

日本人が忘れかけている包丁研ぎ文化を復活させることで、**少しでも包丁を大切にする社会になれば！**と願っております。そしてこの本を読んでくださった方が**「切れればイイのだ！」の精神**で、気楽に包丁研ぎを始め、包丁本来の能力を引き出し、そして日本人が平成の時代に失った包丁研ぎを次世代へ継承していただければ幸いでございます。

二〇二〇年一月吉日　B級包丁研ぎ講師　TOYO72代表　豊住久

包丁研ぎについて学ばせていただいた工場の方々と参考文献

1. 岐阜県刃物会館
2. 丸章工業株式会社
3. タケフナイフビレッジ共同組合
4. 藤次郎オープンファクトリー
5. You Tube『藤次郎 包丁研ぎ直し講習動画「研ぎ澄ます切れ味」』
6. 『包丁入門　研ぎと砥石の基本がわかる』加島健一 柴田書店
7. 『包丁と研ぎハンドブック』月山義高刃物店（監修）誠文堂新光社
8. 『砥石と包丁の技法』築地正本（監修）誠文堂新光社
9. 『包丁と砥石大全』日本研ぎ文化振興協会 誠文堂新光社
10. 『包丁と砥石』柴田書店

以上

豊住 久 とよすみ・ひさし

教える学ぶスキルシェアサービス「ストアカ」で、活躍する人気講師。1回の定員が4人の「砥石を使った簡単家庭両刃包丁研ぎ研修」は、北は北海道から南は沖縄まで、全国各地から受講者が訪れ、その数は1400人を超える。もともとは大手外食チェーンで、営業部地区責任者を務める。その際、お客さんの「この店のトンカツはいつも衣がはがれている」というクレームに対応すべく、最初は衣の改良を考えたが、近所のとんかつ屋さんに聞いたところ、包丁に原因があることに気づき、45歳にして包丁研ぎに目覚める。合羽橋の職人に教わりながらアルバイトでも覚えられる包丁の研ぎ方を研究したことが現在の講座につながっている。定年退職後の現在は、日本とマレーシアを行き来するライフスタイルを楽しみつつ、包丁研ぎ講師として自宅で講座を開いている。趣味はゴルフ。

デザイン — 中野由貴
撮影 ——— 尾島翔太
イラスト — 徳丸ゆう
編集 ——— 望月美佳
校正 ——— 円水社
出版協力 — 藤本崇（ストリートアカデミー株式会社）
飯田佳菜子（ストリートアカデミー株式会社）

ムズかしい“技術”をはぶいた
包丁研ぎのススメ

2020年2月4日　初版発行

著　者　豊住 久
発行者　小林圭太
発行所　株式会社CCCメディアハウス
〒141-8205
東京都品川区上大崎3丁目1番1号
電話　03-5436-5721（販売）
03-5436-5735（編集）
http://books.cccmh.co.jp

印刷・製本　株式会社新藤慶昌堂

ISBN978-4-484-20201-3